彩图 2-1　狮头鹅(左图为公鹅，右图为母鹅)

彩图 2-2　溆浦鹅(左图为公鹅，右图为母鹅)

彩图 2-3　四川白鹅(左图为公鹅，右图为母鹅)

彩图 2-4　浙东白鹅(左图为公鹅，右图为母鹅)

彩图 2-5　雁鹅(左图为公鹅，右图为母鹅)

彩图 2-6　马岗鹅(左图为母鹅，右图为公鹅)

彩图 2-7　太湖鹅(左图为公鹅，右图为母鹅)

彩图 2-8　豁眼鹅(左图为公鹅，右图为母鹅)

彩图 2-9　籽鹅(左图为母鹅，右图为公鹅)

彩图 2-10　阳江鹅(左图为母鹅，右图为公鹅)

彩图 2-11　皖西白鹅(左图为母鹅，右图为公鹅)

彩图 2-12　织金白鹅(左图为母鹅，右图为公鹅)

彩图 2-13　朗德鹅(左图为公鹅，右图为母鹅)

彩图 2-14　扬州鹅(左图为公鹅，右图为母鹅)

彩图 2-15　天府肉鹅父母代(左图为母鹅，右图为公鹅)

彩图 2-16　吉林白鹅

彩图 2-17　莱茵鹅(左图为母鹅，右图为公鹅)

彩图 2-18　白罗曼鹅(左图为公鹅，右图为母鹅)

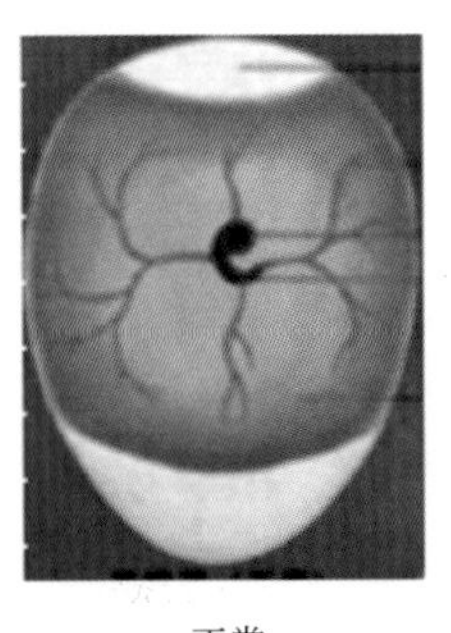

正常

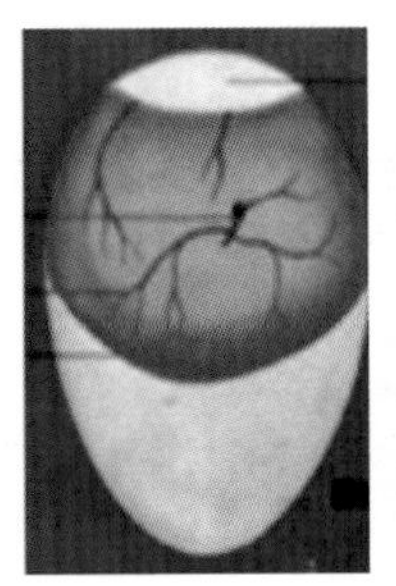

弱胚

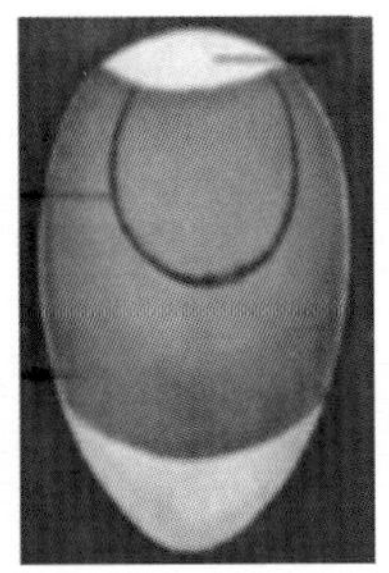

死胚

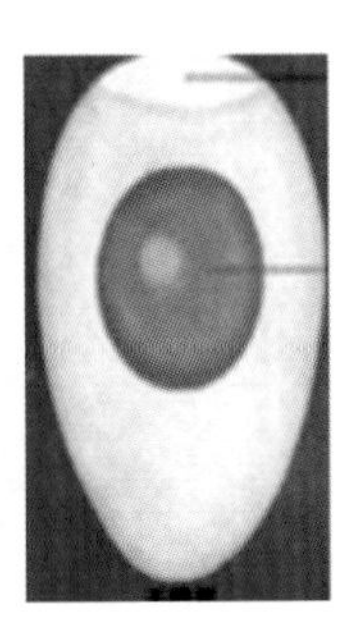

无精蛋

彩图 4-4　头照

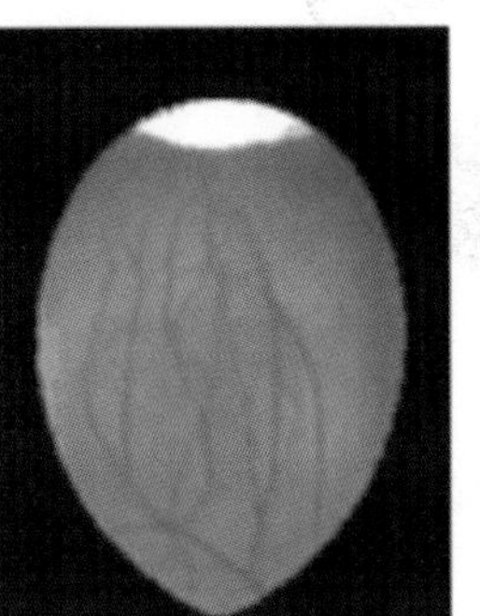

正常

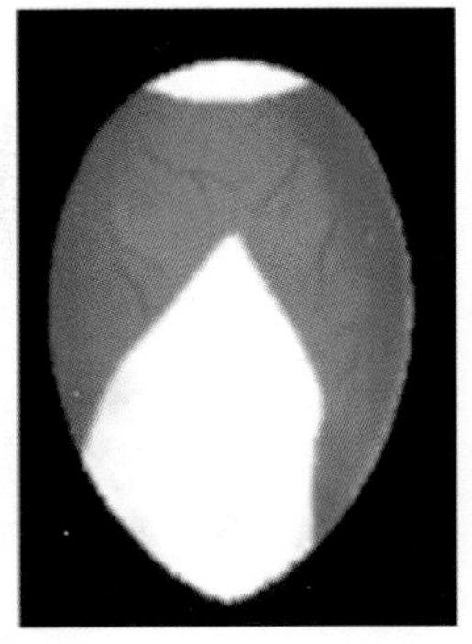

弱胚

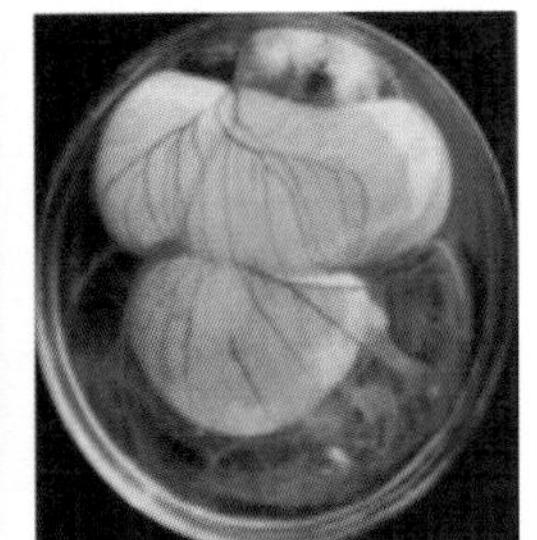

死胚

彩图 4-5　二照

正常

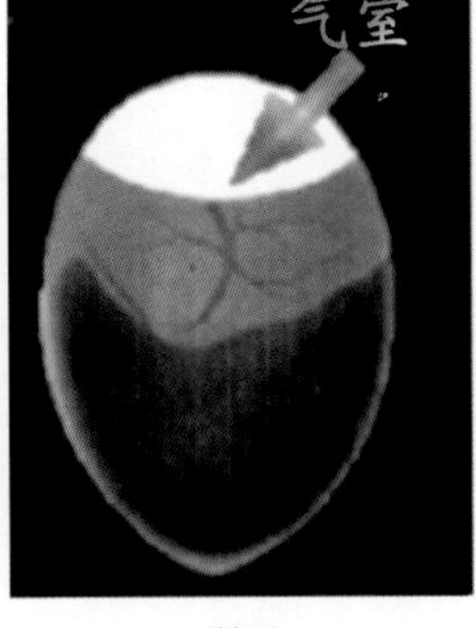

弱胚

死胚

彩图 4-6　三照

高效健康养殖技术问答

张　玲　王　健　主编
段修军　审稿

化学工业出版社
·北京·

健康养殖是促进养殖业增长方式转变的关键。当前，我国健康养殖方兴未艾，推广生态健康养殖理念、养殖方式和生产管理技术，全面提升养殖产品质量安全水平，是促进养殖业可持续发展的重要举措。本书以最新的肉鹅健康养殖标准为规范，以生产“安全、优质、高效、无公害”肉鹅产品为目标，针对养殖生产中的关键环节，全面、系统地阐述了肉鹅健康养殖技术，主要内容包括：鹅场建设与设备配置、鹅的品种选择和引种、鹅的营养与饲料配制、鹅繁育技术、鹅的健康养殖关键技术、鹅的疾病防治技术、鹅场的经营与管理七个方面。

本书内容全面系统、语言通俗易懂，适合农民群众日常阅读参考，可以作为推广普及肉鹅健康养殖新技术的培训教材使用，也可作为鹅生产管理者、养鹅技术人员以及基层科技工作者的参考用书使用。

图书在版编目（CIP）数据

鹅高效健康养殖技术问答/张玲，王健主编. —北京：化学工业出版社，2018.1

ISBN 978-7-122-31051-4

Ⅰ.①鹅… Ⅱ.①张…②王… Ⅲ.①鹅-饲养管理-问题解答 Ⅳ.①S835.4-44

中国版本图书馆 CIP 数据核字（2017）第 288752 号

责任编辑：迟　蕾　李植峰　　文字编辑：张春娥
责任校对：边　涛　　装帧设计：王晓宇

出版发行：化学工业出版社
（北京市东城区青年湖南街 13 号　邮政编码 100011）
印　　刷：北京京华铭诚工贸有限公司
装　　订：北京瑞隆泰达装订有限公司
850mm×1168mm　1/32　印张 8　彩插 2　字数 198 千字
2018 年 5 月北京第 1 版第 1 次印刷

购书咨询：010-64518888（传真：010-64519686）　售后服务：010-64518899
网　　址：http://www.cip.com.cn
凡购买本书，如有缺损质量问题，本社销售中心负责调换。

定　　价：**24.00 元**

《鹅高效健康养殖技术问答》编审人员

主　　编　张　玲　王　健

副 主 编　孙国波　李芙蓉　顾文婕

编　　者　（按姓名汉语拼音排序）

顾文婕　李芙蓉　孙国波　王　健

王　洁　徐锦前　袁华根　张　凯

张　玲　张　尧

审　　稿　段修军

前言

鹅生产具有耗粮少、投入低、周转快、用途广、效益高等优点，是适应当前我国畜牧业结构调整要求的一项优势产业。养鹅被国家农业部列为发展农村经济、带动农民致富的首选项目之一。我国肉鹅养殖虽然饲养面广、数量多，但整体饲养水平不高，各地的饲养技术也参差不齐，特别是从健康养殖的角度观察，生产的产品难以满足人们高质量生活水平的需求。

近些年来频繁出现的人畜共患传染病（如禽流感）给人们敲响了警钟，发展生态、环保、绿色、标准化的健康养殖模式必将成为我国肉鹅养殖业的发展方向。如何从健康养殖的角度出发，生产出安全、优质、高效、无公害的肉鹅新产品，是本书力求解决的关键问题。

编者利用多年从事教学科研和生产实践的优势，结合肉鹅养殖业的最新研究进展，广泛阅读相关资料，并从中汲取精华，编写了本书。本书紧扣健康养殖主题，联系生产、生活实际，内容新颖实用，采用一问一答的编撰方式，深入浅出，便于读者理解借鉴。希望在推广普及肉鹅健康养殖新技术方面能够给专业科技推广、教学科研人员，特别是广大的肉鹅养殖生产者带来新的理念、传递新的信息。

由于时间和篇幅的限制，书稿不足之处在所难免，敬请指正；并在此向支持本书编写与出版的人员及借鉴的参考文献的作者致以诚挚的谢意。

编　者
2018 年 1 月

目录

二、鹅的品种选择和引种 26

三、鹅的营养与饲料配制 39

四、鹅繁育技术 75

七、鹅场的经营与管理 228

参考文献 236

绪 论

1. 鹅的经济价值体现在哪些方面?

(1) 节粮，耐粗饲 鹅可消化利用大量的青、粗饲料，且觅食能力强，对草的选择性很广，能充分利用草山草坡、滩涂草场、田边地角、果树林下、河滩沟渠、路边及房前屋后零星草地的青绿饲料，茬地中的遗谷、麦粒，甚至深埋在淤泥中的草根、块茎都能被鹅觅食利用。在青绿饲料丰富的地区，利用放牧并补喂少量精饲料生产肉鹅，每千克增重仅消耗0.5～1千克的精料，其饲料转化率为养禽业之首。

(2) 生长快，饲养周期短 鹅的消化机能很强，代谢旺盛，早期生长速度很快。以放牧为主，适当补饲一些精料的肉用仔鹅，一般从出雏至上市，仅需70～80天。鹅活重可达3～4千克，相当于其出壳时体重的40～50倍。饲养至90天左右，已有较丰满的羽绒，可活体拔取羽绒。饲养至90～120日龄，就可进行强制填肥，生产肥肝产品。养鹅生产周期较短，资金周转快，从而提高了劳动生产率和经济效益。

(3) 适应能力强，管理方便 鹅对各种自然环境变化有较强的适应能力，生活力、抗病力强，疾病少。从东南沿海到西部高原，从南部海滨到塞北的长春、黑龙江都适于鹅的繁衍和生长，而且所需的饲养设备较为简单，管理也比较方便。鹅对传染性疾病抵抗力较强，从自然感染发病率来看，鹅比鸡少三分之一。在较粗放的管理条件下，雏鹅的成活率高达90%，成年鹅在一般的饲养管理条件下，死亡率也很低。

(4) 投资省，效益高 鹅以放牧草食为主，除育雏期间需要一些房舍和供暖设备外，开始放牧的仔鹅及产蛋鹅一般仅需能遮挡风雨的棚舍即可。养鹅所用的设备较为简易，饲养又以青、粗饲料为主。因此，养鹅的基建设备投资和流动资金都较少。由于鹅疾病较少，用于鹅的医药费也比鸡、鸭少得多。因此，从投入产出角度看，发展养鹅是农村脱贫致富的优选项目。

(5) 产品丰富 鹅的产品较多，产值较高，如鹅肉、羽绒、肥肝、裘皮等。随着人们生活水平的不断提高，对食品质量及饮食结构的要求也越来越高，而鹅产品正好满足这些要求，不仅具有营养和医疗保健作用，又可为生活提供保暖、装饰和美容等用品。

2. 什么是鹅的健康养殖?

健康养殖产生于20世纪90年代，最初见于水产养殖行业。健康养殖的中心内容可概括为“安全、优质、高效与无公害”，首先是产品必须安全可靠、无公害，能为社会所广泛接受；其次是养殖方式应该高效、可持续发展；再次是资源利用应该良性循环。健康养殖需要满足无公害生产标准、绿色食品标准，以实现谋求经济效益、生态效益和社会效益的高度统一。鹅的健康养殖是在以追求养殖数量增长为主的传统养鹅业的基础上实现数量、质量和生态效益并重发展的现代养殖业的技术模式和生产方式。

3. 影响鹅健康养殖的因素有哪些?

(1) 环境 饲养环境参数是影响养殖的一个重要因素，规模化养鹅产生出较大的粪污排放问题，给环境保护带来不小的压力。兽药、重金属等在土壤中的残留和蓄积，会对土壤微生物等造成不利影响。

(2) 投入品 优良的鹅品种是高产优质的前提和基础。水是构成鹅体和蛋最重要的物质之一，水质的优劣也是直接或间接影响鹅

健康和生产效益极其重要的因素之一。要选用资源丰富且优质的饲料原料。农业部颁布了《允许使用的饲料添加剂品种目录》来规范饲料添加剂的使用。

（3）疫病 疫病是畜禽养殖业中影响健康养殖的重要因素之一。近年来规模养殖场和养殖小区建设发展迅速，不少地区把发展畜禽规模养殖作为当地农民致富增收的重要举措，但过分以及片面追求养殖规模的扩大和眼前利益，导致高致病性禽流感等疾病流行爆发，严重危害着畜禽和人类的健康。

（4）饲养技术的影响 饲养方式、饲养条件和饲养管理水平对于鹅安全生产关系重大。

（5）市场的影响 市场需求量的不确定性、生产的随意性使鹅安全生产难以规范化组织，难以提高鹅产品的档次和质量，不利于鹅安全生产的长期稳定发展。其中市场需求量的不确定性表现在地区消费习俗、饮食结构的变化、畜禽疫病影响等；生产的随意性表现在生产的盲目性、区域大面积无序经营、生产管理及疫病防控的不规范性等。

4. 实施鹅健康养殖具有什么意义？

（1）有利于发展高效、生态、特色农业 为了实现鹅安全生产，相关养殖企业（户）就必须从种源、饲料、养殖、加工等各个环节入手，做到生产的科学性、规范性、高效性以及安全性，实现产品的“绿色”和无公害。

（2）有利于发展无污染的优质营养类食品 畜禽产品竞争的核心是质量竞争，且国家对畜禽产品安全监管甚严，这些都要求鹅生产的经营实体更加注重鹅的品质。

（3）有利于发展优质的畜禽产品加工业 生产安全的优质肉鹅有利于拓宽禽产品市场，经深加工后，扩大产品市场，增加产品销售渠道，使养鹅业与二、三产业有机地结合起来，并带动运输业、包装业、加工业、餐饮业的发展，有利于形成以肉鹅生产、加工和销售为一体的生产模式，可产生巨大的滚动增值效益。

（4）有利于增强国际竞争力 我国加入WTO后，出口的“关税壁垒”已转换为“绿色壁垒”，发展绿色畜牧业已成为我国畜牧产业进入国际市场的必备条件，走绿色之路，是畜禽产业的必然选择。所以，开发生产无公害的绿色优质鹅，不仅可以满足国内市场的需求，而且也具有了进入国际市场的必备条件。

5. 我国鹅健康养殖的现状如何？

（1）总体现状不容乐观，养殖者污染防治意识有待加强 我国水禽养殖场一般分布在人口相对集中的大城市近郊，对水源环境和居民用水安全在一定程度上构成了威胁。养殖场环境管理水平不高，在发展规模化、集约化畜禽养殖业的同时，没有对养殖污染防治投入足够的重视。

（2）水禽养殖对水体、土壤和大气会产生一定程度的污染，不符合低碳经济内涵 水禽养殖过程中产生的污染物主要是水禽粪便、尿液、饲料残余物、冲洗养殖场地的污水、雨水冲刷后的污水以及水禽动物的死尸等，其中对环境影响最大的是水禽排泄物。

（3）养殖过程中产生的污染对水禽的自身健康也会构成危害 一方面，水禽污染物破坏了水禽自身的生活环境，恶劣的水环境、大气环境使水禽的发病率、死亡率上升，水禽生产性能降低；另一方面，水禽产品质量安全和人类的健康也受到威胁。

6. 我国养鹅业生产存在哪些问题？

（1）散户多，规模化程度低 肉鹅养殖的主体是个体养殖户，除种鹅场外，规模化养殖场数量极少，缺乏科学的饲养技术，出栏体重参差不齐，严重制约了肉鹅养殖业的发展和产业化进程。

（2）鹅苗来源杂，母源抗体不清 农村肉鹅养殖户所饲养的鹅苗主要有以下几个来源：一是从种鹅场购进；二是从当地的抱（孵）坊购买；三是鹅苗贩子从外地长途贩运。由于鹅苗来源复杂，如缺乏必要的免疫监控，就不能保证种鹅的质量。

（3）饲养设施简陋、环境条件差 养殖户往往随意选择鹅场场址，修建简陋的鹅舍，严重影响了肉鹅的生长和生产性能的发挥，还易使鹅发病，死亡率高，养殖户经济损失大。

（4）饲养管理粗放，疫病防控能力差 散户饲养的肉鹅普遍存在饲养管理粗放、任意改变饲养管理程序、不注重科学饲养管理的现象。一些饲养户不按免疫程序进行接种，不进行常规消毒，使得疫病时有发生；而鹅群发病时又盲目用药，如再任意加大用药剂量，肉鹅成活率低，治疗效果差，又易造成药物残留，影响肉鹅的质量。

（5）粪便无害化处理程度低 传统粗放的肉鹅养殖方式不重视粪便的无害化处理，随着养鹅业的发展，集约化程度的提高，将对水资源和环境构成严重威胁，危害人类和动物的健康；同时有害物质的渗漏、外溢会造成病原微生物和蚊蝇的孳生，不利于肉鹅疫病的预防和控制，最终成为阻碍肉鹅业可持续发展的瓶颈。

7. 我国鹅健康养殖的发展前景如何?

我国是养鹅大国，且养鹅业迅猛发展，已逐渐成为农民持续增加收入的产业之一，鹅的安全生产是今后养鹅业发展的必然趋势。

（1）市场潜力巨大 我国南方素有吃鹅的习惯。江苏、江西、安徽、浙江、广东等省份都是鹅消费大省，每年消费上亿只肉鹅。现在吃鹅的习惯不再限于南方各省，北方也已出现吃鹅热潮，如北京、辽宁、吉林等省市烤鹅店已出现排队等候就餐的局面。国外普遍认为鹅肉的脂肪、胆固醇含量比鸡、鸭都低，并视其为美味和保健食品。在法国鹅肉价格是鸡肉价格的3倍，东欧一些国家鹅肉价格是鸡肉价格的2倍。

（2）产业结构调整 需要在不影响主导产业的前提下，把养鹅作为一个重要产业来发展，符合我国大部分地区产业发展战略，是发展畜牧养殖主导产业的有益补充，对加快经济结构调整、增加农牧民收入，具有积极的推动作用。

一、鹅场建设与设备配置

（一）场址选择与鹅舍设计

8. 鹅场选址的注意事项有哪些？

（1）鹅场应建在隔离条件良好的区域 鹅场周围3千米内无大型化工厂、矿场，2千米以内无屠宰场、肉品加工厂、其他畜牧场等污染源。鹅场距离干线公路、学校、医院、乡镇居民区等设施至少1千米以上，距离村庄至少100米以上。鹅场不允许建在饮用水源的上游或食品厂的上风向。

（2）水源充足，水活浪小 鹅日常活动与水有密切关系，鹅洗澡、交配都离不开水。水上运动场是完整鹅舍的重要组成部分。通常将鹅舍建在河湖之滨，水面尽量宽阔，水活浪小，水深为1～2米。如果是河流交通要道，不应选主航道，以免骚扰过多，引起鹅群应激。最好在鹅场内建有深井，以保证水源和水质。

（3）交通方便，不紧靠码头 鹅场的产品、饲料以及各种物资的进出，运输所需的费用相当大，因此要选在交通方便的地方建场，尽可能距离主要集散地近些，以降低运输费用，但不能在车站、码头或交通要道（公路或铁路）的附近建场，以免给防疫造成麻烦，而且环境不安静，也会影响产蛋。

（4）地势高燥，排水良好 鹅场地势要稍高一些，且略向水面倾斜，最好有5°～10°的坡度，以利排水；土质以沙质壤土最适合，

雨后易干燥，不宜在黏性过大的土上建造鹅场，以防雨后泥泞积水。尤其不能在排水不良的低洼地建场，以免雨季到来时，鹅舍被水淹没，造成损失。

除上述四个方面外，还有一些特殊情况也要予以关注，如在沿海地区，需要考虑台风的影响，经常遭受台风袭击的地方和夏季通风不良的山凹，不能建造鹅场；尚未通电或电源不稳定的地方不宜建场。此外，鹅场的排污、粪便废物的处理，也要通盘考虑，做好周密规划。

9. 如何进行鹅场的合理规划?

鹅场通常分为生活办公区、生产区和污物处理区等功能区。生活办公区主要包括职工宿舍、食堂等生活设施和办公用房；生产区主要包括更衣消毒室、鹅舍、蛋库、饲料仓库等生产性设施；污物处理区主要包括腐尸池以及符合环保要求的粪污处理设施等。

鹅场功能区必须分区规划，要从人禽保健的角度出发，以建立最佳生产联系和卫生防疫条件为目的来合理安排各区位置。要将生活办公区设在全场的上风向和地势较高处，并与生产区保持一定的距离。生产区即鹅饲养区，是鹅场的核心，应将它设在全场的中心地带，位于生活办公区的下风向或平行风向，而且要位于污物处理区的上风向。污物处理区应位于全场的下风向和地势最低处，与鹅舍要保持一定的间距，最好还要设置隔离屏障。

10. 如何建立科学的鹅场布局?

(1) 排列 鹅舍群一般横向成排（东西）、纵向呈列（南北），称为行列式，即鹅舍应平行整齐呈梳状排列，不能相交。超过两栋以上的鹅舍群的排列要根据场地形状、鹅舍的数量和每栋鹅舍的长度，酌情布置为单列式、双列式或多列式。如果场地条件允许，应尽量避免将鹅舍群布置成横向狭长或纵向狭长状，因为狭长形布置势必造成饲料、粪污运输距离加大，饲养管理工作联系不便，道路、管线加长，建场投资增加。如果鹅舍群按标准的行列式排列与鹅场地形地势、当地的气候条件、鹅舍的朝向选择等发生矛盾时，可以将鹅舍左右错开、上下错开排列，但仍要注意平行的原则，不要造成各舍相互交错。例如，当鹅舍长轴必须与夏季主风向垂直时，上风向鹅舍与下风向鹅舍可左右错开呈“品”字形排列，这就等于加大了鹅舍间距，有利于鹅舍的通风；若鹅舍长轴与夏季主风方向所成角度较小时，左右列可前后错开，即顺气流方向逐列后错一定距离，也有利于通风。

(2) 朝向 适宜的朝向要满足鹅舍日照、温度和通风的要求。鹅舍建筑一般为矩形，其长轴方向的墙为纵墙、短轴方向的墙为山墙（端墙）。由于我国处在北半球，鹅舍应采取南向（即鹅舍长轴与纬度平行）。如果同时考虑当地地形、主风向以及其他条件的变化，南向鹅舍可做一些朝向上的调整，向东或向西偏转15°～30°。南方地区从防暑考虑，以向东偏转为好，而北方地区朝向偏转的自由度可稍大些。

传统的鹅舍需要设置陆上和水上运动场，这使得鹅舍之间必须有足够的间距。而完全舍饲的鹅舍，舍间间距必须认真考虑。如果按日照要求，当南排舍高为H时，要满足北排鹅舍的冬季日照要求，在北京地区，鹅舍间距约需$2.5H$，黑龙江的齐齐哈尔地区约需$3.7H$，江苏地区约需$1.5\sim2H$。若按防疫要求，间距为$3\sim5H$即可。鹅舍的通风应根据不同的通风方式来确定适宜间距，以满足通风要求。若鹅舍采用自然通风，间距取$3\sim5H$既可满足下风向鹅舍的通风需要，又可满足卫生防疫的要求；如果采用横向机械通风，其间距也不应低于$3H$；若采用纵向机械通风，鹅舍间距可以适当缩小，$1\sim1.5H$即可。鹅舍的防火间距取决于建筑物的材料、结构和使用特点，可参照我国建筑防火规范。若鹅舍建筑为砖墙、混凝土屋顶或木质屋顶并做吊顶，耐火等级为2级或3级，防火间距为8～10米（$3H$）。

11. 鹅舍建筑过程中要注意哪些问题?

(1) 孵化室建设 孵化室是养鹅场的重要组成部分，应与外界保持可靠的隔离，应有专门的出入口，与鹅舍的距离至少应有150米，以免来自鹅舍的病原微生物横向传播。孵化室应具有良好的保温性能，外墙、地面要进行保温设计。孵化室要有换气设备，保证氧分压，使二氧化碳的含量低于0.01%。

（2）育雏舍建设 雏鹅舍要求温暖、干燥、空气新鲜且没有贼风。舍内可设保温伞，伞下每平方米可容25～30只雏鹅。采光系数（窗户有效采光面积与舍内地面面积的比值）为1∶(10～15)，南窗应比北窗大些，有利于保温、采光和通风。为防兽害，所有的窗户及下水道外出口应装有防兽网。每栋育雏舍的有效育雏面积以250～300平方米为宜。为了便于保温和饲养管理，育雏舍内应再分隔为若干小间或栏圈，每间的面积在25～30平方米。育雏舍地面最好用水泥或砖铺成，以便清洗和消毒。舍内地面应比舍外高20～30厘米，以便排水，保证舍内干燥。一般采用地面平养时，1周龄雏鹅的饲养密度为15只/平方米、2周龄为10只/平方米、3周龄为7只/平方米、4周龄为5只/平方米；网上平养饲养密度可略增加些。育雏舍的南向舍外可设雏鹅运动场，运动场应平整、略有坡度，以便雏鹅进行舍外活动及作为晴天无风时的舍外喂料场。运动场外侧设浅水池，水深20～25厘米，供幼雏嬉水。育雏舍的建筑设计具体布置如图1-1、图1-2所示。

（3）育成鹅舍建设 育成鹅舍的建筑结构简单，基本要求是能遮挡风雨、夏季通风、冬季保温、室内干燥。采光系数比雏鹅舍大些，窗口可以开得大些。鹅舍内可分为几间，每间饲养育成鹅100～200只。鹅舍面积按4～5只/平方米计。应设有陆上运动场，面积为鹅舍的2～3倍，坡度一般为15°～30°，运动场同水面相连，随时可将鹅群放到水上运动场活动。水上运动场可利用天然无污染水域，也可建造人工水池。人工水池的面积为鹅舍的2倍，水深1～1.5米。陆地和水上运动场周围均需建有围栏或围网，围高1～1.2米。

（4）种鹅舍建设 种鹅舍对保温、通风和采光要求高，还需要

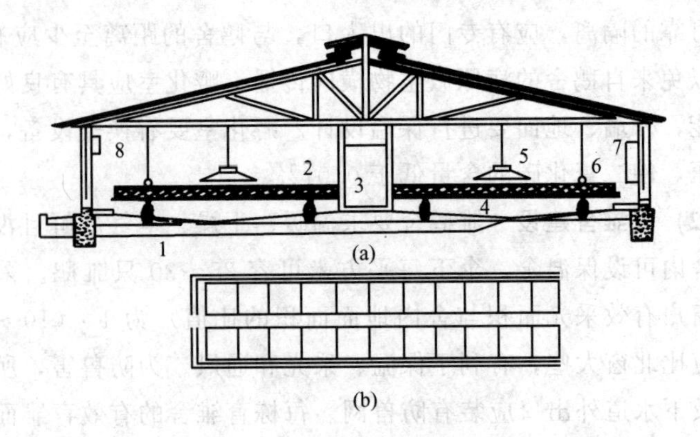

图 1-1　网养雏鹅舍示意图

（a）剖面图；（b）平面图

1—排水沟；2—铁丝网；3—门；4—集粪池；5—保温伞；6—饮水器；7，8—窗

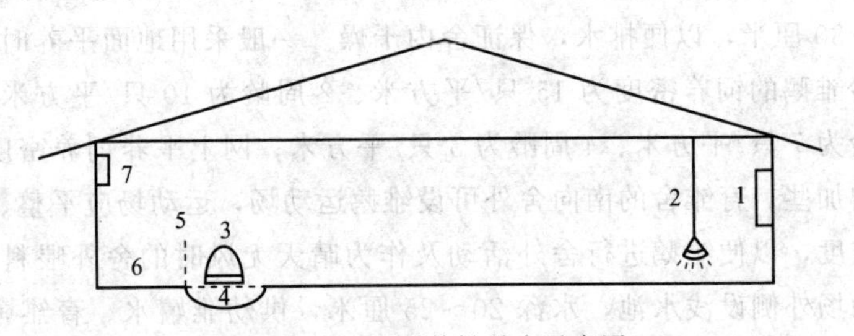

图 1-2　地面平养雏鹅舍示意图

1，7—窗；2—保温伞；3—饮水器；4—排水沟；5—栅栏；6—走道

补充一定的人工光照。窗与地面面积比要求为 1∶(10～12)，如果在南方地区南窗应尽可能大些，离地 60～70 厘米以上大部分做成窗，北窗可小些，离地约 100～120 厘米。舍内地面用水泥或砖铺成，并有适当坡度，饮水器置于较低处，并在其下面设置排水沟。较高处一端或一侧可设产蛋间、产蛋栏或产蛋箱，在地面铺垫较厚的塑料或稻草供产蛋之用。鹅舍面积按大型品种 2～2.5 只/平方米、中小型品种 3～3.5 只/平方米计。种鹅必须有水面供其洗浴、交配，因此也应建有陆地和水上运动场，要求同育成鹅舍。水上运动场可以是天然的河流或池塘，也可挖人工水池，池深 0.5～0.8

米、池宽 2～3 米，用砖或石块砌壁，水泥抹面，墙面防止漏水。在水池和下水道连接处置一个沉淀井，在排水时可将泥沙、粪便等沉淀下来，以免堵塞排水道。

种鹅舍应建在靠近水面且地势高燥之处，要求通风良好，具体建筑和内部布置如图 1-3、图 1-4 所示。

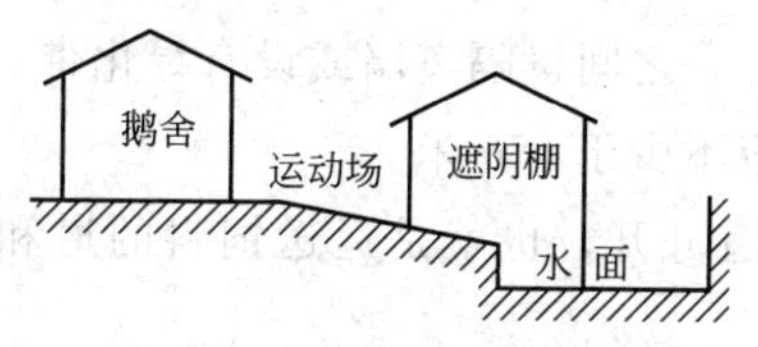

图 1-3　种鹅舍示意图

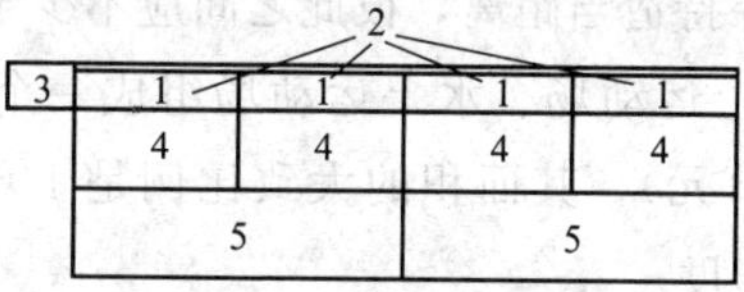

图 1-4　种鹅舍平面图

1—鹅舍；2—产蛋箱；3—工具室；4—运动场；5—水池

（5）肉用仔鹅舍和填肥鹅舍建设　肉用仔鹅舍和填肥鹅舍结构相似，多采用完全舍饲的方式，分为地面或网上饲养，目前也有笼养的。其结构按鹅舍跨度的大小分为双列式或单列式，每列再隔出若干小栏，每小栏 15 平方米左右。采用网上饲养时棚架离地面 0.6～0.7 米，这类鹅舍窗户可以小些，采光系数为 1∶15。饲养密度一般为 4 只/平方米左右。

12. 鹅健康养殖对鹅场绿化有哪些要求?

鹅场绿化应选择种植适合当地生长、对人畜无害的花草树木，绿化率不低于 30%。树木与建筑物外墙、围墙、道路边缘及排水明沟边缘的距离应不小于 1 米。同时注意实行种养结合，种植业的农产品作为养鹅的饲料来源，而鹅粪可作为种植业的肥料，从而实现种养结合的生态养殖模式。

13. 鹅健康养殖对环境质量有哪些要求?

(1) 鹅场外部环境的基本要求 见“问题 8 鹅场选址的注意事项有哪些?”

(2) 鹅场内部环境的基本要求

① 饲料生产区（库房）、办公（生活）区、养殖区、粪便堆积处理区要严格分开，之间设隔离墙或设有绿化带，粪便污物堆集处理区距离养殖区应不少于 150 米。

② 污道和净道分开，也就是运送饲料的道和清理粪便的道要分开，不能交叉。

③ 养殖区内，种鹅舍、孵化室、育雏舍、育成舍、商品鹅舍之间应分开，并保持适当距离，彼此之间应不少于 15 米。

④ 鹅舍、陆上运动场、水上运动场组成一个完整的鹅的生活单元（或称养殖单元），其面积的大致比例是 1∶3∶2，且运动场有 15°～30°的倾斜度。

14. 鹅健康养殖对土壤质量有哪些要求?

适合建立鹅场的土壤应该是透气、透水性强以及毛细管作用弱、导热性小、质地均匀、抗压性强的土壤。因此从环境卫生学角度看，选择在沙壤土上建场较为理想。然而，在一定的地区内建场，由于客观条件的限制，选择最理想的土壤不一定能够实现，这就要求人们在鹅舍的设计、施工、使用和其他日常管理上，设法弥补当地土壤的缺陷。

15. 养殖过程中如何实施鹅场的环境控制与监测?

(1) 环境控制措施

① 对外隔离 鹅场的大门必须建造大消毒池，其宽度大于大卡车的车身，长度大于车轮两周长，池内放有效消毒溶液。生产区门口要建职工过往消毒池，要有更衣消毒室。鹅舍门口必须建小消毒池，要宽于舍门。

② 粪污处理　粪污一般用于农田，使农牧业有机地结合，保护整个生态环境，达到持续发展。

③ 使用环保型饲料　注意使用最少剩余营养的日粮，使用理想蛋白，补充氨基酸，提高氮、磷的利用率，减少氮、磷的排泄。

④ 绿化环境　在鹅场内外及场内各栋鹅舍之间种植常绿树木及各种花草，既可美化环境，又可改变场内的小气候，减少环境污染，同时还可以调节场区的温度和湿度。

⑤ 环保宣传和监测　建立严格的卫生防疫制度，向工作人员宣传环保知识，制定切实可行的环保措施。定期监测鹅场内的空气、水质和土壤，为环保提供依据。

(2) 环境监测措施

① 水质监测　水质检测应在选择鹅场时进行，主要根据水源而定。若用地下水，应测定感官性状（颜色、浊度和臭味等）、细菌学指标（大肠菌群数和蛔虫卵）和毒理学指标（氟化物和铅等），不符合无公害鹅生产标准时，则应采取沉淀和加氯等措施。鹅场水质每年检测1～2次。

② 空气监测　鹅场及鹅舍内空气的监测除常规的温湿度监测外，还须涉及氨气、硫化氢、二氧化碳、悬浮微粒和细菌总数。必要时还须不定期地检测臭气的含量。

③ 土壤监测　土壤检测在建场时即进行，之后可每年对土壤浸出液检测1～2次，测定内容包括硫化物、氯化物、铅、氮化物等。

（二）生产设备配置

16. 鹅健康养殖对设备有哪些要求?

为了更好地进行鹅安全生产，就必须按鹅安全生产的要求来选择设备，使不同品种的鹅能在良好的饲养条件下健康生长。这些饲养设备除鹅饲养设备、种蛋孵化设备、饲料加工设备、粪污处理等辅助性设备以外，还需要一些安全性设备，如环境质量监控设备、鹅场消毒处理设备等。

17. 鹅养殖要准备哪些孵化机具?

(1) 孵化箱

① 箱式立体孵化器　箱式孵化器采用集成电路控制系统，在我国应用较广，其类型较多，按出雏方式分为下出雏、旁出雏、孵化出雏两用和单出雏等，也可按活动转蛋车分为八角式、跷板式和滚筒式。其中旁出雏和下出雏孵化器只能同机分批出雏，孵化量小，且出雏污染未出雏胚蛋，不利于防疫，而孵化出雏两用类型可分批或整批入孵（图 1-5)，有利于卫生防疫，可整批或分批入孵。

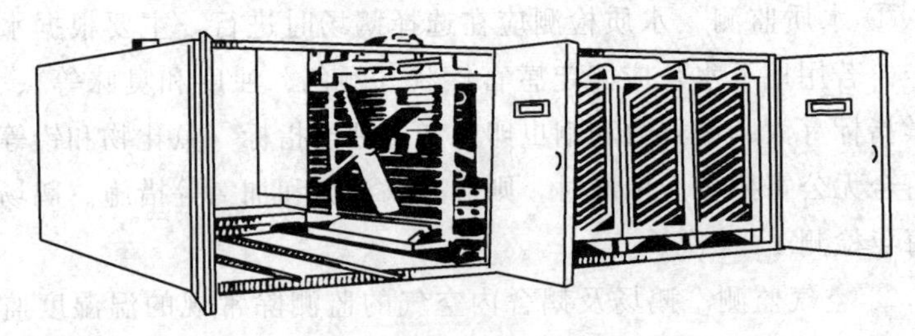

图 1-5　箱式立体孵化器

② 巷道式孵化器　孵化器容量可达 8 万～10 万只，其孵化和出雏两机分开，分别置于孵化室和出雏室，采用分批入孵和分批出雏。与箱式立体孵化器相比，巷道式孵化器占地面积小，箱体内温度呈梯度变化，控温、加湿、翻蛋准确可靠，目前我国已能自行生产这种孵化器（图 1-6)。

③ 智能孵化器　我国自 1999 年起已能生产全自动智能孵化器，该类机型能自动控制温度、湿度、风门和翻蛋，还具有记忆查询、变温孵化和密码保护等功能，是今后孵化器的主要机型，并会向节能化方向发展。

(2) 孵化配套设备

① 发电机　用于停电时发电。

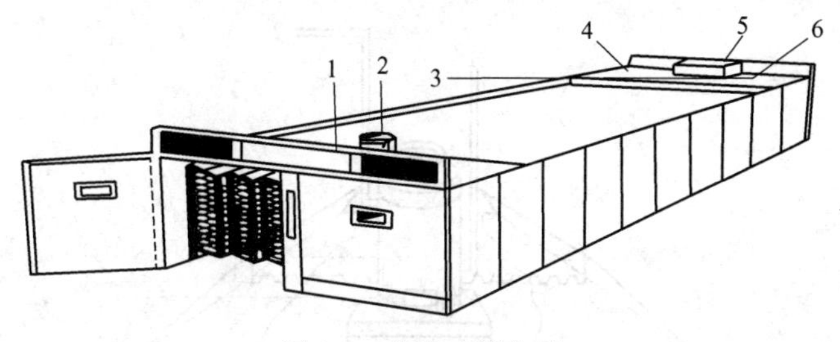

图 1-6　巷道式孵化器

1—电控部分；2—出气孔；3—供湿孔；4—压缩空气；5—进气孔；6—冷却水入口

② 水处理设备　孵化用水量大，水质要求高，水中所含矿物质等易堵塞加湿器，须有过滤或软化水设备。

③ 运输设备　用于运输蛋箱、雏盒、蛋盘、种蛋和雏鹅。

④ 照蛋器　照蛋箱，在纸箱或木箱内装灯，箱壁四周开直径3厘米孔；台式照蛋器，灯光眼与蛋盘蛋数相同，整盘操作，速度快，破损少；手提多头照蛋灯，逐行照蛋，快速准确；照蛋车，光线通过玻璃板照在蛋盘内蛋上，由真空装置自动吸出无精蛋或死胚蛋。

⑤ 孵化专用蛋盘和蛋车。

⑥ 高压水枪　用于冲洗地面、墙壁和设备。

⑦ 其他设备　如移盘设备、连续注射器、专用的雏鹅盒等。

18. 鹅养殖要准备哪些育雏设备?

(1) 控温设备

① 煤炉　煤炉是育雏时最常用、最经济的加温设备（图 1-7）。类似火炉进风装置，进气口设在底层，将煤炉原进风口堵死，另装一个进气管，其顶部加一小块铁皮，通过铁皮的开启来控制火力、调节温度。炉的上侧装一排气烟管，通向室外，管道在室内越长，热量利用越充分。此法多用来提高室温，采用煤炉时要确保排气烟管密封严实，并经常开启门窗，加强室内通风，防止一氧化碳中毒。

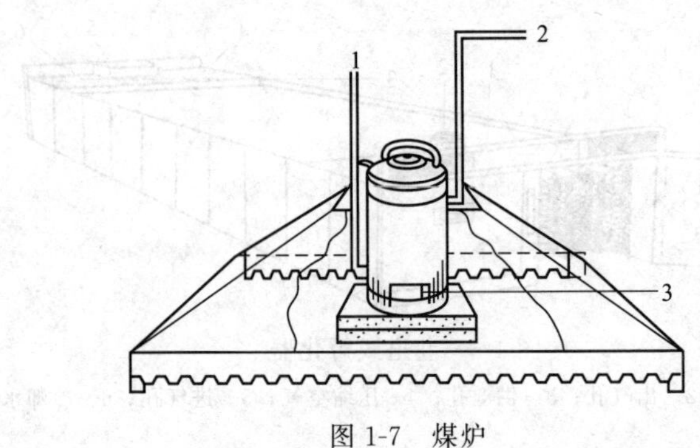

图 1-7　煤炉

1—进气孔；2—排气孔；3—铁皮炉门

② 热风炉　热风炉是以空气为介质，以煤或油为燃料的一种供热设备，其结构紧凑，热效率高，运行成本低，操作方便，广泛运用于大规模育雏。使用时，点燃煤或油，随着火势逐渐加大，适当关小风机调节阀，开大鼓风阀，强制鼓风，炉温迅速升高。待达到正常温度要求（70～90℃）时，即可将风机调节阀、自鼓风阀恢复至常规位，扳开关到自动。适时看火、加煤（油）、取渣，维持正常燃烧。若要停烧，停止加煤（油）即可。停止加煤（油）后，风机仍会适时开启，将炉内余热排尽，保证炉体不过热，设定温度之下仍可用强制鼓风维持炉体缓慢降温，直至较低温度（45℃以下）拉闸停炉。全自动型具有自动控制环境温度、进煤数量、空气进入、热风输出，自动保火、报警，以及高效除尘等性能特点。图 1-8 为 GRF-10 龟式热风炉的示意图。

③ 红外线灯　常用的红外线灯泡为 250 瓦，使用时可等距离在舍内排成一行，也可以 3～4 个红外线灯泡组成一组（图 1-9）。雏鹅对温度要求较高，第一周灯泡离地面 35～45 厘米，随雏龄增大，对温度的要求逐渐降低，灯泡离地面的距离逐渐增大。一般使用 3 周后，灯泡离地面 60 厘米左右。在实际生产过程中，常根据环境温度、饲养的密度进行调整，当雏鹅在灯下的分布比较均匀时，表示温度适中，距离合适；当雏鹅集中在灯下并扎堆时，表示

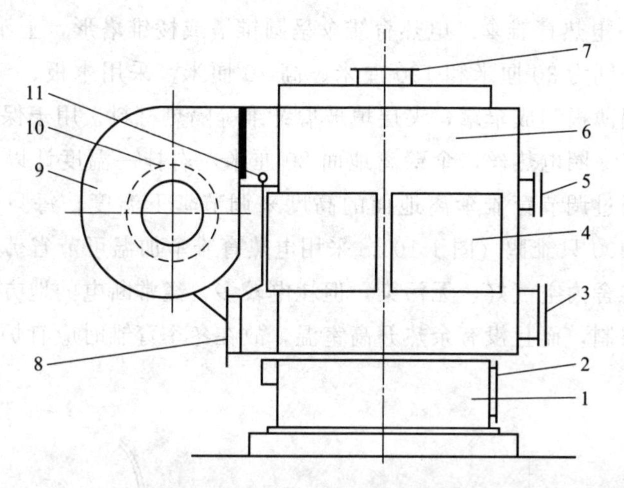

图 1-8　GRF-10 龟式热风炉

1—炉座；2—出渣口；3—加煤口；4—侧清烟；5—前清烟；6—炉体；7—烟囱；8—热风出口；9—风机；10—风机调节阀；11—自鼓风阀

图 1-9　红外线灯围篱育雏

温度不足，则需将灯泡的高度降低；当雏鹅远离热源，饮水量加大，表示温度过高，则提高灯泡高度或者关闭灯泡一段时间。利用红外线灯泡加温，保温稳定，室内干净，垫草干燥，管理方便，节省人工。但红外线灯耗电量大，灯泡易损坏，成本较高，供电不正常的地方不宜使用。

④ 育雏伞　各种类型育雏伞外形相同，都为伞状结构，热源大多在伞中心，仅热源和外壳材料不同，具体可根据当地实际择优选用。

a. 电热育雏伞。电热育雏伞呈圆锥塔或棱锥塔形，上窄下宽，直径分别为30厘米和120厘米、高70厘米，采用木板、纤维板、金属铝薄板制成伞罩，夹层填玻璃纤维等隔热材料，用于保温。伞内壁有一圈电热丝，伞壁离地面20厘米左右挂一温度计以掌握温度，通过调节育雏伞离地面的高度来调节伞下温度，每只伞可育300～400只雏鹅（图1-10）。采用电热育雏伞加温可节省劳力，同时育雏舍内空气好，无污染，但耗电较多，经常断电的地方使用时受到限制，而且没有余热升高室温，故在冬季育雏时应有炉子辅助保温。

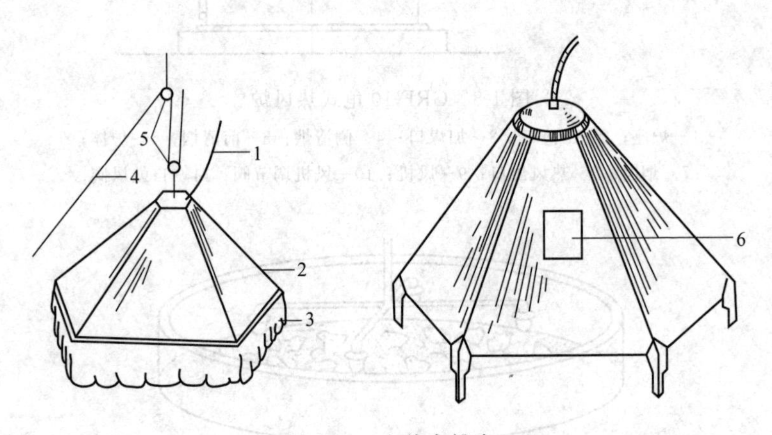

图1-10　电热育雏伞

1—电线；2—伞罩；3—软围裙；4—悬吊绳；5—滑轮及滑轮线；6—观察孔

b. 燃气育雏伞。由燃气供暖的伞形育雏器，适合于燃气充足地区使用。与电热育雏伞形状相同，内侧上端设喷气嘴，使用时须悬挂在距地面0.8～1.0米。

c. 煤炉育雏伞。由煤炉供暖的伞形育雏器，适合于电源不足地区使用。伞罩为白铁皮，伞中心为煤炉，煤炉底部垫砖块以防引燃垫料，通过调节煤炉进气孔的大小来调节温度，炉上端设一排气管将有害气体导出室外，在距煤炉15厘米处设铁网以防雏鹅接近。

（2）饮水设备　养鹅用的饮水器式样较多，多为塑料制成，已形成规模化产品。最常见的是吊塔式饮水器、钟式饮水器和真空饮水器。

(3) 喂料设备 雏鹅较小，在开食时多用简单的工具，如饲料盘和塑料布等。塑料布最为简单易行，直接铺在地上进行饲喂，塑料布反光性要强，以便雏鹅发现食物，一般每1000只雏鹅用6～7张即可。饲料盘一般采用无毒的浅料盘作为饲盆，这种盆便于清洗、消毒和搬动。

(4) 塑料网和竹篾 为提高雏鹅育雏成活率，常常采用网上育雏。网上育雏可用塑料网或者竹篾，塑料网多为白色，网眼为多边形，边长约1厘米，通常每平方米可育雏25～30只。有些地区根据当地的原材料价格，采用竹子制成竹篾来育雏，降低成本。

(5) 鹅篮（鹅篓） 鹅篮用毛竹篾编制而成，圆形，直径70～80厘米、边高25～30厘米，可用于装运雏鹅，也可用于饲养小鹅。育雏时供小鹅睡眠和“点水”之用（将小鹅关在鹅篮内，一起浸在水中，供其活动片刻，这种方法南方鹅农称为“点水”）。1000只雏鹅需要45～55只鹅篮。

(6) 栈条（围条） 围条长方形，长15～20米、高0.6～0.7米，用毛竹篾编织而成，用作围鹅用。鹅大群饲养，抓鹅时极易造成应激，一般用围条围成若干小群。1000只雏鹅需要围条4～5张。

(7) 垫料 垫料多用稻壳、锯木屑、干草、碎秸秆等。垫料要求干燥清洁、无霉菌、吸水性好。垫料板结或厚度不够，易引发疾病，应经常添加或更换。

19. 鹅养殖要准备哪些饲养设备?

(1) 喂料设备 雏鹅转入育成期以后，喂料设备随之改为料桶、料箱或更为方便的链板式喂料器、螺旋式喂料器。喂料箱可以由木板或铝合金做成，一般长度为1.5～2米，可常备饲料，节省人工，鹅采食均匀，尤其适用饲喂颗粒料。链板式喂料器是通过机器带动料槽里的链条移动而带动饲料移动，逐渐在料槽里填满饲料。桶式喂料器由料盘、贮料桶与采食栅等部分组成（图 1-11）。一般料桶高 40 厘米、直径 20～25 厘米，料盘底部直径 40 厘米、边高 3 厘米。这种喂料器能盛放较多饲料，并且饲料随鹅采食自动下行。为了防止鹅大口采食饲料时将饲料撒出而造成浪费，应设采食栅罩在料盘上。一般 30～50 只鹅配一个喂料器。

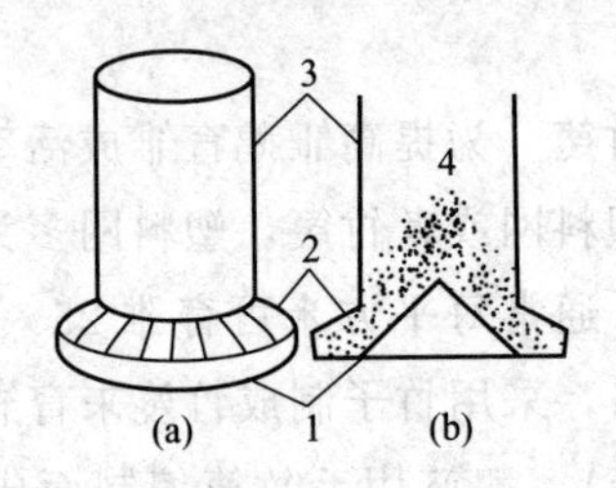

图 1-11　桶式喂料器

(a) 立体图；(b) 剖面图

1—料盘；2—采食栅；3—贮料桶；4—饲料

(2) 饮水设备　养鹅用的饮水器式样较多（图 1-12），多为塑料制成，已形成规模化生产。最常见的是吊塔式饮水器、钟式饮水器。也可以用无毒的塑料盆或其他材料的广口水盆，但必须注意，在盆口上方加盖罩子（可用竹条、粗铁丝或塑料网制成），以防鹅在饮水时跳入水盆中洗澡，污染饮用水。

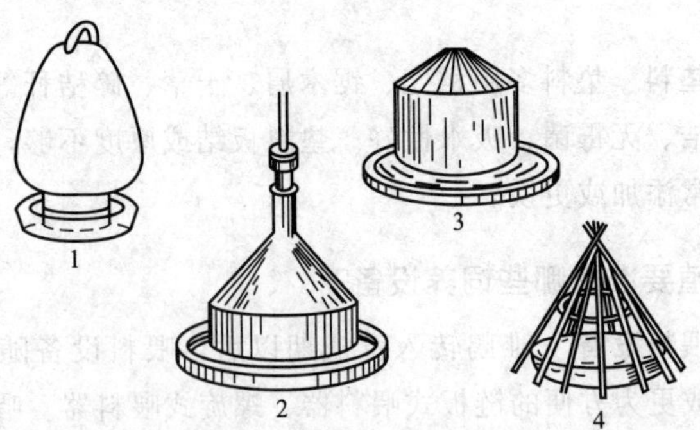

图 1-12　各种式样的饮水器

1—钟式饮水器；2—吊塔式饮水器；3—铁皮饮水器；4—陶钵加竹圈

(3) 环境控制设备

① 光照控制设备　光照可以进行人工控制开关，但是这样比较繁琐，现在大型养殖场多采用微电脑芯片设计，照明亮度自动变化，具有自动测光控制功能。

② 降温设备　当舍内温度过高时，特别是炎热的夏天，就需要对鹅舍进行降温，防止热度对鹅产生应激。目前主要有以下几种降温设备。

a. 冷风机。具有降温效果好、湿润净化空气、噪声低、制冷快、操作方便、省电等优点。

b. 湿帘降温系统。该系统主要由湿帘与风机配套构成。湿帘分为普通型介质和加强型介质两种。普通型介质由波纹状的纤维纸黏结而成，通过在造纸原材料中加入特殊的化学成分，采用特殊的工艺处理而制成，具有耐腐蚀、高强度、使用寿命长的特点。加强型介质是通过特殊的工艺在普通型介质的表面加上黑色硬质涂层，使纸垫便于刷洗消毒，有效地解决了空气中各种飞絮的困扰，遮光、抗鼠。湿帘降温系统是利用热交换的原理，给空气加湿和降温。通过供水系统将水送到湿帘顶部，进而将湿帘表面湿润，当空气通过潮湿的湿帘时，水与空气充分接触，使空气的温度降低，降温效果显著，夏季可降温5～8℃，且气温越高，降温幅度越大。湿帘降温系统投资小，耗能低，被称为“廉价的空调”，使鹅舍内空气清新、降温均衡、湿度可调到最佳状态。

c. 喷雾降温系统。该系统由连接在管道上的各种型号的雾化喷头、压力泵组成，是一套非常高效的蒸发系统。它通过高压喷头将细小的雾滴喷入鹅舍内，热能随着水的蒸发而把能量带走，数分钟内可将温度下降到一定值。由于所喷细小雾滴被空气吸收，保持了地面干燥，还可同时作消毒用。由于该系统能高效降温，因此可减少通风量以节约能源。该系统具有夏季降温、除尘、加湿、消毒环境、清新空气的特点，亦可全年使用。

③ 加热系统　加热系统参照育雏中控温设备。

(4) 清洗、消毒设备　清洗设备主要是高压冲洗机械，带有雾化喷头的可兼当消毒设备用。消毒设备有人工手动的背负式喷雾器和机械动力式喷雾器两种。

(5) 环境监测控制集成系统　控制系统可用于加热、降温、进风、光照等环境因素的有效监控和自动控制。

① 简易小环境气候控制器　该系统具有可控制小环境的气候、通风、加热和报警等功能，这种控制器安装和操作均简单，还可连接到计算机上，使得信息管理集中化。它能够确保鹅舍的温度尽可能保持在鹅的舒适区内，并始终满足最小新鲜空气的要求。

② 高级环境控制集成系统　该系统由主控制器、温度感应器、湿度感应器、水表感应器、料位感应器、警报装置、调制解调器等组成。通过相关参数设置、不同感应器件的信息收集和主控制器的指令反馈，达到对鹅舍温度、湿度、光照、通风、供水、喷雾等各环境因素的集成控制。

(6) 填饲机械　填饲机械通常分为手动填饲机和电动填饲机两类。

① 手动填饲机　手动填饲机因填饲的鹅体大小而有多种规格，主要由料箱和唧筒两部分组成。填饲嘴上套橡皮软管，其内径为1.5～2 厘米，管长为 10～13 厘米。手动填饲机结构简单，操作方便，适用于小型鹅场。

② 电动填饲机　电动填饲机因推动填料的动力方式而分为螺旋推运式和压力泵式。前者利用小型电动机，带动螺旋推运器，推动饲料经填饲管填入鹅食道，适用于填饲整粒玉米，效率较高，多在生产鹅肥肝时使用。后者利用电动机带动压力泵，使饲料通过填饲管进入鹅食道，采用尼龙或橡胶制成的软管作填饲管，不易造成

鹅咽喉和食道的损伤，也不必多次向鹅食道推送饲料，生产效率较高，适合于填饲糊状饲料，多用于烤鹅填饲。图 1-13 为卧式填饲机。

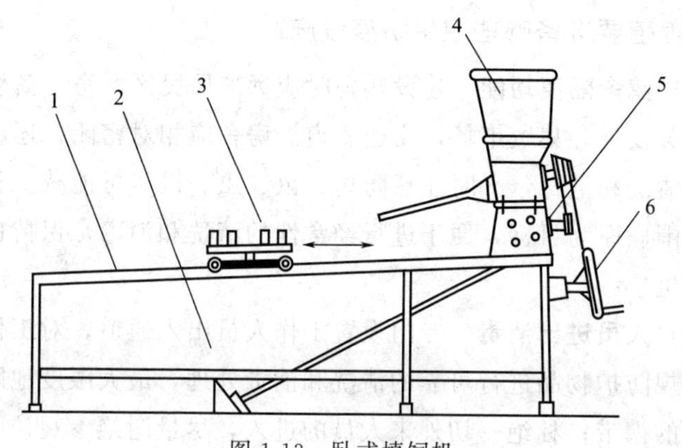

图 1-13 卧式填饲机

1—机架；2—脚踏开关；3—固禽器；4—饲喂漏斗；5—电动机；6—手摇皮带轮

20. 鹅养殖要准备哪些粪污处理设施?

粪污处理设施一般放置于隔离区，隔离区是鹅场病鹅、粪便等污物集中之处，是卫生防疫和环境保护工作的重点，该区设在全场的下风向和地势最低处，且与生产区的卫生间距不宜小于 50 米。按照干湿粪分离、雨污水分流的要求，贮粪场的设置既应考虑鹅粪便于由鹅舍运出，又应便于运到田间施用。同时配套建设沼气池或厌氧发酵等污水处理设施。病鹅隔离舍应尽可能与外界隔绝，且其四周应有天然的或人工的隔离屏障（如界沟、围墙、栅栏或浓密的乔灌木混合林等），设单独的通路与出入口。病鹅隔离舍及处理病死鹅的尸坑或焚尸炉等设施，应距鹅舍 300～500 米，且后者的隔离更应严密。

21. 鹅养殖要准备哪些运输工具?

种蛋收集后，需要运输到孵化厅进行孵化，这就需要用专用的

三轮车进行运输；在雏鹅出壳后，需要用可以防风保温的面包车进行运输；在成鹅出售时需要用透风的车运输出去出售；饲料、粪便的运输也需要用三轮车，但要注意防疫，防止交叉感染。

22. 鹅养殖要准备哪些卫生防疫设施？

（1）鹅舍隔离功能 建设鹅舍时应远离居民区，畜、禽生物场所和相关设施，集贸市场，交通要道。房舍应相对密闭，还应考虑到便于清洗和消毒，平时注意防鸟、鼠、虫。以尽可能减少和杀灭鹅舍周围病原为目标，便于进行经常性的清洗和消毒，保持良好的环境卫生。

（2）人员进出消毒 专门设置工作人员出入通道，对工作人员及其常规防护物品进行可靠的清洗和消毒处理，最大限度地防止人对病原的携带；杜绝一切外来人员的进入，尽量谢绝参观访问，尽可能减少人员交叉，防止病原的交叉感染，交叉前应进行严格的清洗和消毒措施；饲养员应远离一切外界禽类及养殖场病原污染源；对相关工作人员进行经常性的生物安全培训。

（3）物品交叉感染 对舍内的喂料、喂水、运输工具等设备和物品须固定使用及运转过程中预防交叉污染，减少病原对鹅群的感染机会。

（4）饲料、饮水控制 提供充足的营养，防止病原从原料和饮水进入鹅群，恰当配合饲料和饲喂技术，提供充足而合格的饮用水，对原始饲料和饮水及运输过程中要进行防污染控制，及时对饲料和饮水的质量进行检测。

（5）鹅群控制 引进鹅群时应详细了解鹅苗的来源，确保无病原；避免不同品种、来源的鹅群混养，根据实际情况来决定是否需要全进全出的饲养方式，便于对鹅舍整体清洗和消毒；恰当的饲养密度对鹅群的健康也很重要；在日常饲养管理过程中应防止或减少应激的发生，防止生产操作中的污染和感染；定期对禽舍带鹅消毒，定期进行疫苗注射，对鹅群的健康状况定期进行检查和免疫状

态检测；在孵化过程中做好防感染控制，这包括种蛋收集、保存、运输、清洗和消毒。

(6) 废弃物处理 垫料、粪便、污水、动物尸体、其他废弃物是疾病传播中不可忽略的对象，是病原的主要集中地，对这些废弃物要及时进行正确处理。

二、鹅的品种选择和引种

（一）鹅的品种选择

23. 主要肉鹅品种有哪些？其外貌特征和生产性能如何？

(1) 狮头鹅（彩图 2-1）

① 产地与分布　狮头鹅是我国唯一的大型鹅种，因前额和颊侧肉瘤发达呈狮头状而得名。原产于广东饶平县溪楼村，现中心产区位于澄海县和汕头市郊。

② 外貌特征　体形硕大，体躯呈方形。头部前额肉瘤发达，覆盖于喙上，颌下有发达的咽袋一直延伸到颈部，呈三角形。喙短，质坚实，黑色。眼皮突出，多呈黄色，虹彩褐色。胫粗蹼宽，橙红色，有黑斑，皮肤米色或乳白色，体内侧有皮肤皱褶。全身背面羽毛、前胸羽毛及翼羽呈棕褐色，由头顶至颈部的背面形成如鬃状的深褐色羽毛带，腹部羽毛呈白色或灰色。

③ 生产性能　成年公鹅体重为 8.85 千克，母鹅为 7.86 千克。在放牧条件下，公鹅初生重 134 克，母鹅 133 克；30 日龄公鹅体重为 2.25 千克，母鹅为 2.06 千克；60 日龄公鹅体重为 5.55 千克，母鹅为 5.12 千克；70～90 日龄上市未经肥育的仔鹅，公鹅平均体重为 6.18 千克，母鹅为 5.51 千克。公鹅半净膛率为 81.9%、母鹅为 84.2%，公鹅全净膛率为 71.9%、母鹅为 72.4%。平均肝重 600 克，最大肥肝可达 1.4 千克，肥肝占屠体重达 13%，料肝

比为40∶1。母鹅开产日龄为160～180天，第一个产蛋年产蛋量为24个，平均蛋重176克，蛋壳乳白色，蛋形指数为1.48。种公鹅配种一般都在200日龄以上，公母鹅配种比例为1∶(5～6)。母鹅就巢性强，每产完一期蛋就巢1次，全年就巢3～4次。母鹅可连续使用5～6年。

(2) 溆浦鹅（彩图2-2）

①产地与分布　产于湖南省沅江支流溆水两岸。中心产区位于溆浦县，分布在溆浦全县及怀化地区各县、市，在隆回、洞口、新化、安化等县也有分布。

②外貌特征　体形高大，体躯稍长，呈长圆柱形。公鹅头颈高昂，直立雄壮，叫声清脆洪亮，护群性强。母鹅体形稍小，性情温驯、觅食力强，产蛋期间后躯丰满，呈卵圆形。毛色主要有白、灰两种，以白色居多。灰鹅颈、背、尾灰褐色，腹部呈白色，皮肤浅黄色；眼睛明亮有神，眼睑黄白，虹彩灰蓝色，胫、蹼都呈橘红色，喙黑色；肉瘤突起，呈灰黑色，表面光滑。白鹅全身羽毛白色，喙、肉瘤、胫、蹼都呈橘黄色；皮肤浅黄色；眼睑黄色，虹彩灰蓝色。母鹅后躯丰满，腹部下垂，有腹褶。有20%左右的个体头顶有顶心毛。

③生产性能　初生重122克，30日龄体重1.54千克，60日龄体重3.15千克，90日龄体重4.42千克，180日龄公鹅体重5.89千克、母鹅5.33千克。溆浦鹅产肝性能良好，成年鹅填饲3周，肥肝平均重为627克，最大肥肝重1.33千克。母鹅7月龄左右开产，一般年产蛋30个左右，平均蛋重212.5克，蛋壳以白色居多，少数为淡青色，蛋壳厚度为0.62毫米，蛋形指数为1.28。公鹅6月龄具有配种能力，公母鹅配种比例为1∶(3～5)。种蛋受精率为97.4%，受精蛋孵化率为93.5%。公鹅利用年限为3～5年，母鹅为5～7年。就巢性强，一般每年就巢2～3次，多的达5次。

(3) 四川白鹅（彩图2-3）

①产地与分布　中心产区位于四川省温江、乐山、宜宾、永

川和达县等市县，分布于江安、长宁、高县和兴文等平坝和丘陵水稻产区。

② 外貌特征　体形稍细长，头中等大小，躯干呈圆筒形，全身羽毛洁白，喙、胫、蹼橘红色，虹彩蓝灰色。公鹅体形稍大，头颈较粗，额部有一呈半圆形的橘红色肉瘤；母鹅头清秀，颈细长，肉瘤不明显。

③ 生产性能　初生雏鹅体重为71.10克，60日龄体重为2.48千克。经填肥，肥肝平均重344克，最大520克，料肝比为42∶1。母鹅开产日龄为200～240天，年平均产蛋量为60～80个，平均蛋重146克，蛋壳白色。公鹅性成熟期为180天左右，公母鹅配种比例为1∶(3～4)，种蛋受精率在85%以上，受精蛋孵化率为84%左右，无就巢性。

(4) 浙东白鹅（彩图2-4）

① 产地与分布　中心产区位于浙江省东部的奉化、象山、宁海等县市，分布于鄞县、绍兴、余姚、上虞、嵊县、新昌等县市。

② 外貌特征　体形中等，体躯长方形，全身羽毛洁白，约有15%的个体在头部和背侧夹杂少量斑点状灰褐色羽毛。额上方肉瘤高突，成半球形，随年龄增长，突起变得更加明显。无咽袋、颈细长。喙、胫、蹼幼年时呈橘黄色，成年后变橘红色。肉瘤颜色较喙色略浅。眼睑金黄色，虹彩灰蓝色。成年公鹅体形高大雄伟，肉瘤高突，鸣声洪亮，好斗逐人；成年母鹅腹宽而下垂，肉瘤较低，鸣声低沉，性情温驯。

③ 生产性能　初生重105克，30日龄体重1.32千克，60日龄体重3.51千克，75日龄体重3.77千克。70日龄仔鹅屠宰测定，半净膛率和全净膛率分别为81.1%和72.0%。经填肥后，肥肝平均重392克，最大肥肝600克，料肝比为44∶1。母鹅开产日龄一般在150天，一般每年有4个产蛋期，每期产蛋8～13个，一年可产40个左右。平均蛋重149克，蛋壳白色。公鹅4月龄开始性成熟，初配年龄160日龄，公母鹅配种比例为1∶(6～7)。种蛋受精

率在90%以上，受精蛋孵化率达90%左右。公鹅利用年限3～5年，以第2、第3年为最佳时期。绝大多数母鹅都有较强的就巢性，每年就巢3～5次，一般连续产蛋9～11个后就巢1次。

(5) 雁鹅（彩图2-5）

① 产地与分布　原产于安徽省西部的六安地区，主要是霍邱、寿县、六安、舒城、肥西以及河南省的固始等县市。

② 外貌特征　体形中等，体质结实，全身羽毛紧贴。头部圆形略方，头上有黑色肉瘤，质地柔软，呈桃形或半球形向上方突出。眼睑呈黑色或灰黑色，眼球黑色，虹彩灰蓝色。喙黑色、扁阔。胫、蹼呈橘黄色，爪黑色。颈细长，胸深广，背宽平，腹下有皱褶。皮肤多数呈黄白色。成年鹅羽毛呈灰褐色和深褐色，颈的背侧有一条明显的灰褐色羽带，体躯的羽毛从上往下由深渐浅，至腹部呈灰白色或白色。除腹部白色羽外，背、翼、肩及腿羽皆为银边羽，排列整齐。肉瘤的边缘和喙的基部大部分有半圈白羽。雏鹅全身羽绒呈墨绿色或棕褐色，喙、胫、蹼均呈灰黑色。

③ 生产性能　一般公鹅初生重109.3克，母鹅106.2克；30日龄公鹅体重791.5克，母鹅809.9克；60日龄公鹅体重2.44千克，母鹅2.17千克；90日龄公鹅体重3.95千克，母鹅3.46千克；120日龄公鹅体重4.51千克，母鹅3.96千克；成年公鹅体重6.02千克，母鹅4.78千克。母鹅开产在8～9月龄，母鹅年产蛋量为25～35个，平均蛋重150克，蛋壳白色，蛋形指数为1.51。公鹅4～5月龄有配种能力，公母鹅配种比例为1∶5。母鹅就巢性强，就巢率为83%，一般每年就巢2～3次。公鹅利用年限为2年，母鹅则为3年。

(6) 马岗鹅（彩图2-6）

① 产地与分布　产于广东省开平县，分布于佛山、肇庆市各县。

② 外貌特征　具有乌头、乌颈、乌背、乌脚等特征。公鹅体形较大，头大、颈粗、胸宽、背阔；母鹅羽毛紧贴，背、翼、基羽

均为黑色，胸、腹羽淡白。初生雏鹅绒羽呈墨绿色，腹部呈黄白色；胫、喙呈黑色。

③ 生产性能　成年公鹅体重为 5.0～5.5 千克，成年母鹅体重为 4.5～5.0 千克，60 日龄仔鹅重 3.0 千克。全净膛率为 73%～76%，半净膛率为 85%～88%。母鹅开产日龄为 150 天左右，年产蛋量为 35 个，平均蛋重 160 克，蛋壳白色。公母鹅配种比例为 1∶(5～6)。利用年限为 5～6 年。就巢性较强，每年 3～4 次。

24. 主要蛋鹅品种有哪些？其外貌特征和生产性能如何？

小型鹅为常用的蛋用品种，如太湖鹅、豁眼鹅、籽鹅、阳江鹅等。这些鹅体形轻小、头清秀、颈细长、腿稍长、产蛋量高。

(1) 太湖鹅（彩图 2-7）

① 产地与分布　原产于江苏、浙江两省沿太湖的县、市，现遍布江苏、浙江、上海，在东北、河北、湖南、湖北、江西、安徽、广东、广西等地均有分布。

② 外貌特征　体形较小，全身羽毛洁白，体质细致紧凑。体态高昂，肉瘤姜黄色、发达、圆而光滑，颈长、呈弓形，无肉垂，眼睑淡黄色，虹彩灰蓝色，喙、跖、蹼呈橘红色，爪白色。公鹅喙较短，6.5 厘米左右，性情温顺，叫声低，肉瘤小。

③ 生产性能　成年公鹅体重 4.33 千克，母鹅 3.23 千克。太湖鹅雏鹅初生重为 91.2 克，70 日龄上市体重为 2.32 千克，棚内饲养可达 3.08 千克。母鹅性成熟较早，160 日龄即可开产，一个产蛋期每只母鹅平均产蛋 60 个，高产鹅群达 80～90 个，高产个体达 123 个。平均蛋重 135 克，蛋壳色泽较一致，几乎全为白色，蛋形指数为 1.44。公母鹅配种比例为 1∶(6～7)，种蛋受精率在 90%以上，受精蛋孵化率在 85%以上，就巢性弱，鹅群中约有 10%的个体有就巢性，但就巢时间短。70 日龄肉用仔鹅平均成活率在 92%以上。

(2) 豁眼鹅（彩图 2-8）

① 产地与分布　豁眼鹅又称豁鹅，因其上眼睑边缘后上方有豁而得名。原产于山东莱阳地区，因集中产区地处五龙河流域，故曾名五龙鹅。

② 外貌特征　体形轻小紧凑，全身羽毛洁白。喙、胫、蹼均为橘黄色，成年鹅有橘黄色肉瘤。眼三角形，眼睑淡黄色，两眼上眼睑处均有明显的豁口，此为该品种独有的特征。虹彩蓝灰色。头较小，颈细稍长。公鹅体形较短，呈椭圆形。母鹅体形稍长，呈长方形。

③ 生产性能　公鹅初生重 70～78 克，母鹅 68～79 克；60 日龄公鹅体重 1.39～1.48 千克，母鹅 1.28～1.42 千克；90 日龄公鹅体重 1.91～2.47 千克，母鹅 1.78～1.88 千克；成年公鹅平均体重 3.72～4.44 千克，母鹅 3.12～3.82 千克。母鹅一般在 210～240 日龄开始产蛋，年平均产蛋 80 个，在半放牧条件下，年平均产蛋 100 个以上；饲养条件较好时，年产蛋 120～130 个。最高产蛋记录 180～200 个，平均蛋重 120～130 克，蛋壳白色，蛋形指数为 1.41～1.48。公母鹅配种比例为 1∶(5～7)，种蛋受精率为 85%左右，受精蛋孵化率为 80%～85%。母鹅利用年限为 3 年。

(3) 籽鹅（彩图 2-9）

① 产地与分布　中心产区位于黑龙江省绥化和松花江地区，其中肇东、肇源、肇州等县市最多，黑龙江全省均有分布。

② 外貌特征　体形较小，紧凑，略呈长圆形。羽毛白色，一般头顶有缨，又叫顶心毛，颈细长，肉瘤较小，颌下偶有咽袋，但较小。喙、胫、蹼皆为橙黄色，虹彩为蓝灰色。腹部一般不下垂。

③ 生产性能　初生公雏体重 89 克，母雏 85 克；56 日龄公鹅体重 2.96 千克，母鹅 2.58 千克；70 日龄公鹅体重 3.28 千克，母鹅 2.86 千克；成年公鹅体重 4.0～4.5 千克，母鹅 3.0～3.5 千克。母鹅开产日龄为 180～210 天，一般年产蛋在 100 个以上，多的可达 180 个，蛋重平均 131.1 克，最大 153 克，蛋形指数为 1.43。

公母鹅配种比例为1∶(5～7)，喜欢在水中配种，受精率在90%以上，受精蛋孵化率在90%以上，高的可达98%。

(4) 阳江鹅（彩图2-10）

① 产地与分布　中心产区位于广东省湛江地区阳江市，分布于邻近的阳春、电白、恩平、台山等地，在江门、韶关、南海、湛江等市及广西壮族自治区也有分布。

② 外貌特征　体形中等、行动敏捷。母鹅头细颈长，性情温顺；公鹅头大颈粗，躯干略呈船底形，雄性特征明显。从头部经颈向后延伸至背部，有一条宽约1.5～2.0厘米的深色毛带，故又叫黄鬃鹅。在胸部、背部、翼尾和两小腿外侧有灰色毛，毛边缘都有宽0.1厘米的白色银边羽。从胸两侧到尾椎，有条葫芦形的灰色毛带。除上述部位外，均为白色羽毛。在鹅群中，灰色羽毛又分黑灰、黄灰、白灰等几种。喙、肉瘤黑色，胫、蹼为黄色、黄褐色或黑灰色。

③ 生产性能　成年公鹅体重4.2～4.5千克、母鹅3.6～3.9千克，70～80日龄仔鹅体重3.0～3.5千克。饲养条件好时，70～80日龄体重可达5.0千克。70日龄肉用仔鹅公母半净膛率分别为83.8%和83.4%。阳江鹅性成熟期早，公鹅70～80日龄就有爬跨行为，配种适龄为160～180天。母鹅开产日龄为150～160天，一年产蛋4期，平均每年产蛋量26～30个。采用人工孵化后，年产蛋量可达45个，平均蛋重145克，蛋壳白色，少数为浅绿色。公母鹅配种比例为1∶(5～6)，种蛋受精率为84%，受精蛋孵化率为91%，成活率为90%以上。公母鹅均可利用5～6年。该品种鹅就巢性强，1年平均就巢4次。

25. 主要绒肉兼用品种鹅有哪些？ 其生产性能如何？

(1) 皖西白鹅（彩图2-11）

① 产地与分布　中心产区位于安徽省西部丘陵山区和河南省固始一带，主要分布于皖西的霍邱、寿县、六安、肥西、舒城、长

丰等县市以及河南的固始等县。

② 外貌特征　体形中等，体态高昂，气质英武，颈长呈弓形，胸深广，背宽平。全身羽毛洁白，头顶肉瘤呈橘黄色，圆而光滑无皱褶，喙橘黄色，喙端色较淡，虹彩灰蓝色，胫、蹼橘红色，爪白色，约6%的鹅颌下带有咽袋。少数个体头颈后部有球形羽束。公鹅肉瘤大而突出，颈粗长有力，母鹅颈较细短，腹部轻微下垂。

③ 生产性能　初生重90克左右，30日龄仔鹅体重可达1.5千克以上，60日龄达3.0～3.5千克，90日龄达4.5千克左右，成年公鹅体重6.12千克、母鹅5.56千克。皖西白鹅羽绒质量好，尤其以绒毛的绒朵大而著称。平均每只鹅产羽毛349克，其中羽绒量为40～50克。母鹅开产日龄一般为6月龄，一般母鹅年产两期蛋，年产蛋量为25个左右，3%～4%的母鹅可连产蛋30～50个，群众称之为“常蛋鹅”。平均蛋重142克，蛋壳白色，蛋形指数为1.47。公母鹅配种比例为1∶(4～5)。母鹅就巢性强，一般年产两期蛋，每产一期，就巢1次，有就巢性的母鹅占98.9%，其中一年就巢两次的占92.1%。公鹅利用年限为3～4年或更长，母鹅为4～5年，优良者可利用7～8年。

(2) 织金白鹅（彩图2-12）

① 产地与分布　中心产区位于贵州西北部毕节地区织金县。

② 外貌特征　织金白鹅体形高大、紧凑，全身羽毛白色。颈长，喙、额瘤、蹼为橘红色。

③ 生产性能　出壳雏鹅平均体重为102.5克，成年体重母鹅为3.5～4.5千克、公鹅为4.5～5.5千克。开产日龄240～270天，产蛋旺季集中在冬、春两季，年平均产蛋45个，蛋壳白色，平均蛋重为165克，蛋形指数1.6，种蛋受精率为90%。每只成年鹅年产羽毛量280～300克。

另外，四川白鹅、浙东白鹅、广丰白翎鹅、溆浦鹅等也是较好的绒肉兼用品种。

26. 主要肝用品种鹅有哪些？其生产性能如何？

目前，主要的肝用鹅品种为朗德鹅（彩图 2-13），其主要的产地与生产性能如下所述。

(1) 产地与分布 朗德鹅又称西南灰鹅，原产于法国西南部靠比斯开湾的朗德省，是世界著名的肥肝专用品种。我国江苏、上海、辽宁等地都曾引进该品种。

(2) 外貌特征 毛色灰褐，颈、背都接近黑色，胸部毛色较浅，呈银灰色，腹下部呈白色。也有部分白羽个体或灰白杂色个体。通常情况下，灰羽的羽毛较松，白羽的羽毛紧贴。喙橘黄色，胫、蹼呈肉色。灰羽在喙尖部有一浅色部分。

(3) 生产性能 成年公鹅体重为 7.0～8.0 千克，成年母鹅体重为 6.0～7.0 千克。8 周龄仔鹅活重可达 4.5 千克左右。肉用仔鹅经填肥后，活重达到 10.0～11.0 千克，肥肝重 700～800 克。朗德鹅对人工拔毛耐受性强，羽绒产量在每年拔毛 2 次的情况下，可达 350～450 克。性成熟期约 180 天，母鹅一般在 2～6 月份产蛋，年平均产蛋 35～40 个，平均蛋重 180～200 克。种蛋受精率不高，仅 65%左右，母鹅有较强的就巢性。

此外，我国的狮头鹅、溆浦鹅也具备较好的产肝性能。

27. 我国培育的鹅种有哪些？其有何特点？

(1) 扬州鹅（彩图 2-14） 主要是由扬州大学动物科技学院培育的新品种，2002 年 8 月通过江苏省畜禽品种审定委员会审定。该品种属于白羽肉用品种。

成年公鹅 5.6 千克，母鹅 4.2 千克。70 日龄全净膛率 68%，半净膛率 76.50%。平均年产蛋 72 个，平均蛋重 140 克，平均蛋形指数 1.47。平均种蛋受精率 91%，平均受精蛋孵化率 88%。

(2) 天府肉鹅（彩图 2-15） 是由四川省原种水禽场与四川农业大学家禽育种实验场共同培育的白羽肉鹅配套系。

父母代父系成年体重：公鹅 5.58 千克，母鹅 4.73 千克；母系

成年体重：公鹅 4.23 千克，母鹅 3.94 千克。父系开产日龄 210～230 天，初产年产蛋量 40～50 个，蛋重 147.5 克，受精率 74%～77%；母系开产日龄 190～200 天，年产蛋 85～90 个，蛋重 141.3 克，受精率 88%以上。

(3) 吉林白鹅（彩图 2-16） 是由吉林农业大学历经 20 余年培育而成，分为肉用品系、绒用品系和蛋用品系。

① 肉用品系　成年公鹅体重 6.5～7.5 千克，母鹅 5.5～6.0 千克。成年公母鹅平均全净膛率为 79.9%，早期生长快，70 日龄体重 4.5～5.0 千克。适合作肉用仔鹅生产的杂交父本。年产蛋 30～40 个，蛋重 180～200 克。

② 绒用品系　成年公鹅体重 6.0～6.5 千克，母鹅 5.0～5.5 千克。成年公母鹅平均全净膛率为 72.8%。羽绒品质好、绒朵大、弹性好，适合作产绒为主的活体拔毛、鹅裘皮生产的杂交父本。年产蛋 25～35 个，蛋重 140～160 克。

③ 蛋用品系　成年公鹅体重 4.0～4.5 千克，母鹅 3.0～3.5 千克。年产蛋 100～120 个，蛋重 120～140 克。适合作肉用仔鹅、绒用鹅生产的杂交母本。

28. 我国引进的国外优良鹅种有哪些，它们各有何优点？

(1) 莱茵鹅（彩图 2-17） 原产于德国莱茵河流域，是欧洲产蛋量最高的鹅种，现广泛分布于欧洲各国。我国上海、江苏、黑龙江、吉林、重庆等省（直辖市）曾引进该品种。该鹅体形中等偏小。初生雏背面羽毛呈灰褐色，从 2 周龄至 6 周龄，逐渐转变为白色，成年时全身羽毛洁白。喙、胫、蹼呈橘黄色。头上无肉瘤，颈粗短。成年公鹅体重为 5.0～6.0 千克，母鹅为 4.5～5.0 千克。8 周龄仔鹅活重可达 4.2～4.3 千克，料肉比为 (2.5～3.0)∶1，能适应大群舍饲，是理想的肉用鹅种。但产肝性能较差，平均肝重为 276 克。母鹅开产日龄为 210～240 天，年产蛋量为 50～60 个，平均蛋重 150～190 克。公母鹅配种比例为 1∶(3～4)，种蛋平均受精率为74.9%，受精蛋孵化率为80%~85%。

（2）白罗曼鹅（彩图2-18） 白罗曼鹅是欧洲古老品种，原产于意大利。其肉用性能好，羽绒价值高。白罗曼鹅经我国台湾地区引进和培育并成为其主要的肉鹅生产品种，饲养量占台湾全省的93%以上。白罗曼鹅外表很像爱姆登鹅，体形比爱姆登鹅小一倍，属于中型鹅种，全身羽毛白色，眼为蓝色，喙、脚胫与趾均为橘红色。其体形明显的特点是"圆"，颈短、背短、体躯短。成年公鹅体重6.0~6.5千克，母鹅重5.0~5.5千克。白罗曼鹅饲养87~90天即可出栏屠宰，母鹅平均重6.5千克，公鹅平均重7.5千克。料肉比约为2.8∶1。母鹅每羽年产蛋数40~45个，受精率在82%以上，孵化率在80%以上。

29. 适宜活拔羽绒的肉鹅品种有哪些?

各品种鹅都可以活体拔羽绒，但以肉用、肉绒兼用品种更为适宜。肉用品种体形大，产绒量多。适宜活拔羽绒的品种有四川白鹅、皖西白鹅、浙东白鹅、溆浦鹅、雁鹅和狮头鹅等。

（二）鹅的引种

30. 引入优良鹅种的技术要点有哪些?

（1）绝对不能盲目引种 引种应根据生产或育种工作需要，确定品种类型，且要考察所引品种的经济价值。尽量引进国内已扩大繁殖的优良品种，可避免从国外引种的某些弊端。

（2）注意引进品种的适应性 选定的引进品种要能适应当地的气候及环境条件。每个品种都是在特定的环境条件下形成的，对原产地有特殊的适应能力。当被引进到新的地区后，如果新地区的环境条件与原产地差异过大时，引种就不易成功，所以引种时首先要考虑当地条件与原产地条件的差异状况；其次，要考虑能否为引入品种提供适宜的环境条件。

（3）引种前必须先了解引入品种的技术资料 对引入品种的生

产性能、饲料营养要求要有足够的了解，如是纯种，应有外貌特征、育成历史、遗传稳定性以及饲养管理特点和抗病力的资料，以便引种后参考。

(4) 必须严格检疫 绝不可以从发病区域引种，以防止引种时带进疾病。进场前应严格隔离饲养，经观察确认无病后才能入场。

(5) 必须事先做好准备工作 如棚舍、饲养设备、饲料及用具等要准备好，饲养人员应作技术培训。

(6) 注意引种方法

① 引入品种数量不宜多，引入后要先进行1～2个生产周期的性能观察，确认引种效果良好时，再适当增加引种数量，并迅速扩大繁殖。

② 引种时应引进体质健康、发育正常、无遗传疾病、未成年的幼禽，因为这样的个体可塑性强，容易适应环境。

③ 注意引种季节，最好选择在两地气候差别不大的季节进行引种，以便使引入个体逐渐适应气候的变化。从寒冷地带向热带地区引种，以秋季引种最好，而从热带地区向寒冷地区引种则以春末夏初引种最适宜。

④ 做好运输组织工作安排，避开疫区，尽量缩短运输时间，减少途中损失。

31. 鹅种选择的关键原则是什么?

养鹅品种的选择很关键，在选择饲养品种时要兼顾以下几点：

(1) 体形外貌选择 此法为最常用的选种方法，但仅作初选手段，同时配合其他选种方法。本法的选择标准主要按该品种固有特征选择。

(2) 生产性能的选择 主要包括产肉力、产蛋力、繁殖力三个方面。

① 产肉力 要求体重大、生长快、肥育性能好；屠宰性能和肉质好、饲料报酬高。

② 产蛋力　要求开产日龄早、年产蛋量多、蛋的重量大。

③ 繁殖力　要求产蛋多，受精率、孵化率和成活率高。通常由母鹅在规定产蛋期内提供的种蛋所孵出的健康雏鹅数来表示繁殖力。

三、鹅的营养与饲料配制

（一）鹅的营养需要

32. 鹅的消化特点有哪些?

饲料由喙采食通过消化道直至排出泄殖腔，在各段消化道中消化程度和侧重点各不相同，比如肌胃是机械消化的主要部位，小肠以化学消化和养分吸收为主，而微生物消化主要发生在盲肠。

(1) 胃前消化　鹅的胃前消化比较简单，食物入口后不经咀嚼，被唾液稍微湿润，即借舌的帮助而迅速吞咽。鹅的唾液中含有少量的淀粉酶，有分解淀粉的作用。但由于在胃前的消化道中酶的活力很低，其消化作用很有限，主要还是起食物通道和暂时贮存的作用。

(2) 胃内消化

① 腺胃消化　鹅腺胃分泌的消化液含有盐酸和胃蛋白酶，不含淀粉酶、脂肪酶和纤维素酶。腺胃中蛋白酶能对食糜起初步的消化作用，但因腺胃体积小，食糜在其中停留时间短，胃液的消化作用主要在肌胃而不是在腺胃。

② 肌胃消化　鹅肌胃肌肉紧密厚实。同时肌胃内有许多沙砾，在肌胃强有力的收缩下，可以磨碎粗硬的饲料。在机械消化的同时，来自腺胃的胃液借助肌胃的运动得以与食糜充分混合，胃液中

的盐酸和蛋白酶协同作用，把蛋白质初步分解为蛋白朊、蛋白胨及少量的肽和氨基酸。鹅肌胃对水和无机盐有少量的吸收作用。

(3) 小肠消化 鹅与其他畜禽相似，小肠消化主要靠胰液、胆汁和肠液的化学性消化作用，在空肠段的消化最为重要。胰液和肠液含有多种消化酶，能使食糜中的蛋白质、糖类、脂肪逐步分解最终成为氨基酸、单糖、脂肪酸等。而肝脏分泌的胆汁则主要促进对脂肪及水溶性维生素的消化吸收。小肠中经过消化的养分绝大部分在小肠吸收。

(4) 大肠消化 大肠由盲肠和直肠构成，盲肠是纤维素的消化场所，除食糜中带来的消化酶对盲肠消化起一定作用外，盲肠消化主要是依靠栖居在盲肠的微生物的发酵作用。盲肠中有大量的细菌，1 克盲肠内容物细菌数有 10 亿个左右，最主要的是严格厌氧的革兰阴性杆菌。这些细菌能将粗纤维发酵，最终产生挥发性脂肪酸、氨、胺类和乳酸。同时，盲肠内细菌还能合成 B 族维生素和维生素 K。盲肠能吸收部分营养物质，特别是对挥发性脂肪酸的吸收有较大实际意义。

直肠很短，食糜停留时间也很短，消化作用不大，主要是吸收一部分水分和盐类，形成粪便，排入泄殖腔，与尿液混合排出体外。

33. 什么是鹅的饲养标准？ 不同生长阶段鹅的营养需求如何？

鹅的饲养标准是根据鹅的不同品种、性别、年龄、体重、生产目的和水平以及养鹅生产实践中积累的经验，结合能量与物质消化代谢试验和饲养试验的结果，科学地规定每千克鹅饲料中应该给予鹅的各种营养物质的数量。

饲养标准是科学饲养鹅的准则，可使饲养者心中有数，不盲目饲养。但饲养标准确定的鹅的营养需要只具有广泛性的指导作用，在实际生产中，要根据具体情况灵活运用。我国鹅的营养需求标准见表 3-1。

表 3-1 我国鹅饲养标准推荐表

营养成分	0～3周	4～6周	6～10周	后备鹅	种鹅
代谢能/(兆焦/千克)	11.0	11.7	11.72	10.88	10.45
粗蛋白/%	20	17	16	15	16～17
赖氨酸/%	1.0	0.7	0.6	0.6	0.8
蛋氨酸/%	0.75	0.6	0.55	0.55	0.6
钙/%	1.2	0.8	0.76	1.65	2.6
有效磷/%	0.6	0.45	0.4	0.45	0.6
食盐/%	0.25	0.25	0.25	0.25	0.25

34. 影响对蛋白质需求的因素有哪些?

鹅对蛋白质的需要实际上是对各种氨基酸的需要，而鹅对各种蛋白质、氨基酸的需要量受多种因素影响。

(1) 饲养水平 氨基酸摄取量与采食量呈正相关，饲养水平越高，采食量越多，摄取的氨基酸也越多。由于鹅采食量会随日粮能量浓度及环境温度而发生变化，因此，日粮氨基酸浓度也要随之变动，避免鹅摄入的氨基酸过多或过少。

(2) 生产力水平 氨基酸的需求量与鹅的生长速度和产蛋强度呈正相关，生长速度快，产蛋量多，氨基酸的需要量就高，反之则低。

(3) 遗传性 不同品种或品系对氨基酸需要量也有差异。

(4) 饲料因素 鹅对蛋白质的需要与日粮氨基酸是否平衡有关，氨基酸平衡的日粮，其蛋白质水平可适当降低。生产上可根据不同饲料所含氨基酸种类与数量，把多种饲料配合起来，相互取长补短，使氨基酸趋于平衡，以达到提高饲料蛋白质利用率的目的。

35. 鹅需要的必需氨基酸有哪些?

鹅需要的必需氨基酸有 11 种，它们是：赖氨酸、蛋氨酸、色氨酸、苏氨酸、组氨酸、亮氨酸、异亮氨酸、苯丙氨酸、精氨酸、缬氨酸和甘氨酸。

36. 鹅的饲料种类主要有哪些?

鹅的饲料种类主要有能量饲料、蛋白质饲料、矿物质饲料和青绿多汁饲料。

(1) 能量饲料 按饲料分类标准，凡饲料干物质中粗纤维含量小于或等于18%、粗蛋白小于20%的均属于能量饲料，特点是消化率高，产生的热能多，粗纤维含量为0.5%～12%，粗蛋白含量为8%～13.5%。

① 谷实类饲料 谷实类饲料基本属于禾本科植物成熟的种子，是鹅所需要能量的主要来源，包括玉米、小麦、大麦、燕麦、稻谷和高粱等。干物质的消化率为70%～90%，粗纤维为3%～8%，粗脂肪为2%～5%，粗灰分为1.5%～4%，粗蛋白为8%～13.5%，必需氨基酸含量少，磷的含量为0.31%～0.45%，但多以植酸磷的形式存在，利用率较低，钙的含量低于0.1%。这些饲料一般都缺乏维生素A和维生素D，但多富含B族维生素和维生素E。

a. 玉米：是重要的能量饲料之一，代谢能高，每千克为13.56兆焦，粗纤维少，适口性好，是配合饲料的主要原料之一。玉米中含蛋白质少，一般仅为7.8%～8.7%，而且蛋白质的质量较差，色氨酸和赖氨酸不足，钙、磷等矿物质的含量也低于其他谷实类饲料。玉米含有丰富的淀粉，粗脂肪亦较高，是高能量的饲料。贮存时含水量应控制在14%以下，防止霉变。黄玉米含胡萝卜素较多，还含有叶黄素，对保持蛋黄、皮肤和脚部的黄色具有重要作用，可满足消费者的爱好。一般鹅日粮中添加40%～70%。

b. 小麦：营养价值高，适口性好，易消化，含能量较高，粗蛋白含量为10%～12%，为禾谷籽实之首，B族维生素含量丰富。缺点是黏性大，粉料中比例过大，则黏嘴、降低适口性，维生素A、维生素D缺乏。小麦的使用应根据其市场价格而定，由于价格问题一般不做饲料使用，如在肉鹅的配合饲料中使用小麦，一般用量在10%～30%。

c. 大麦：在鹅的日粮中用得较普遍。粗蛋白含量为11%～13%，B族维生素品质优于其他谷物。大麦皮壳粗硬，难以消化吸收，应破碎或发芽后饲喂。饲喂效果逊于玉米和小麦，通常占鹅日粮中的10%～25%。

d. 稻谷：适口性好，为鹅常用饲料，但代谢能低，每千克为11兆焦，粗蛋白含量8.3%，粗纤维含量高（约为8.5%）。稻谷含优质淀粉，适口性好，易消化，但缺乏维生素A和维生素D，饲养效果不及玉米。在水稻产区稻谷是常用的养肉鹅饲料，可占10%～50%。

e. 高粱：蛋白质含量与玉米相当，但品质较差，其他成分与玉米相近。高粱含单宁较多，味苦、适口性差，而且还能降低蛋白质、矿物质的利用率。在鹅的日粮中应限制使用，不宜超过15%。

f. 燕麦：含粗蛋白9%～11%，赖氨酸较多，但粗纤维含量高，达到10%，不宜在雏鹅和种鹅中过多使用。

g. 糙米：粗蛋白含量为6.8%，适口性好，取材容易，易消化吸收。常用作开食料。

h. 碎米：是碾米厂筛出来的细碎米粒，淀粉含量高，纤维素含量低，粗蛋白含量约为8.8%，易于消化，价格低廉，是农村养肉鹅的常用饲料，也是常用的开食料之一，在日粮中可占30%～50%。但应注意，用碎米作为主要能量饲料时，要相应补充胡萝卜素。

② 糠麸类饲料　糠麸类饲料是稻谷制米和小麦制粉后的副产品，具有来源广、质地松软、适口性好、价格较便宜等优点。

a. 米糠：稻谷加工的副产品，是糙米加工成精米时分离出来的种皮、糊粉层和胚及部分胚乳的混合物。其粗蛋白含量在12%左右，粗脂肪含量高达16.5%，还具有不饱和脂肪酸含量较高、极易氧化和酸败变质以及不宜久存的特点，尤其在高温高湿的夏季极易变质，应慎用。

b. 小麦麸：又称麸皮，为小麦加工的副产品，是小麦制面粉时分离出来的种皮、糊粉层和少量的胚与胚乳的混合物。其粗蛋白含量较高，为15.7%，粗纤维含量为8.9%，质地疏松，体积大，具有轻泻作用；钙少磷多，在鹅的日粮中的用量为5%～20%。

c. 次粉：又称四号粉，是面粉加工时的副产品，营养价值高，适口性好。其粗蛋白含量为13.6%～15.4%。和小麦相同，多喂时也会产生黏嘴现象，用量在10%～20%。

③ 油脂类　油脂是油和脂的总称，在室温下呈液态的称为“油”、呈固态的称为“脂”。饲料中添加油脂，除本身自有的特性外，还可以改善饲料适口性，提高采食量；防止产生尘埃；提高颗粒饲料的生产效率。

(2) 蛋白质饲料　蛋白质饲料通常是指干物质中粗纤维含量在18%以下、粗蛋白含量为20%以上的饲料。这类饲料营养丰富，易于消化，粗蛋白含量高。

① 动物性蛋白质饲料　动物性蛋白质饲料包括鱼粉、蚕蛹粉、肉骨粉、血粉、酵母蛋白粉、肠衣粉等，蛋白质含量达50%以上。

a. 鱼粉：蛋白质含量达50%以上，是鹅的优质蛋白质饲料，一般用量在2%～8%。使用时注意事项：一是用量不要太大；二是注意掺假现象；三是注意食盐含量；四是注意霉变问题；五是注意腐败现象。

b. 肉粉与肉骨粉：是屠宰场的加工副产品。经高温、高压、消毒、脱脂的肉骨粉含有50%以上的优质蛋白质，且富含钙、磷等矿物质及多种维生素，是肉鹅很好的蛋白质及矿物质饲料，用量可占5%～10%。

c. 血粉：是屠宰场的另一种下脚料。其蛋白质含量为80%～82%，但血粉加工所需的高温易使蛋白质的消化率降低。血粉有特殊的臭味，适口性差，用量不宜过多，一般为2%～5%。

d. 羽毛粉：各种禽类羽毛，经高压蒸汽水解，晒干、粉碎即

为羽毛粉。其含粗蛋白80%以上，但蛋氨酸、赖氨酸、组氨酸、色氨酸等偏少，使用时要注意氨基酸平衡问题，应该与其他动物性饲料配合使用。在雏鹅羽毛生长过程中可搭配2%左右的羽毛粉，以利于促进羽毛生长，预防和减少啄癖的发生。

e. 蚕蛹粉和酵母粉：含粗蛋白很多，在60%以上，质量好。但易受潮变质，影响饲料风味，用量为4%～5%。饲用酵母不属于动物性饲料，但其蛋白质含量接近动物性饲料，所以常将其列入动物性蛋白质饲料，含有大量的B族维生素和维生素A、维生素D及酶类、激素等。它不仅营养价值高，还是一种保护性饲料，适当搭配一些饲用酵母有利于促进雏鹅的生长发育。

② 植物性蛋白质饲料　植物性蛋白质饲料是以豆科作物籽实及其加工副产品为主。常用作鹅饲料的植物性蛋白质饲料，包括豆类籽实、饼粕类和部分糟渣类饲料，以及某些谷实的加工副产品等。其蛋白质含量在30%～45%，适口性好，含赖氨酸多，是鹅常用的优良蛋白质饲料之一。

a. 豆粕（饼）：大豆采用浸提法提油后的加工副产品称为豆粕，豆饼是压榨提油后的副产品，粗蛋白含量在42%～46%；生豆饼含胰蛋白酶抑制因子等许多有害物质，所以在使用时一定要饲喂熟豆饼。

b. 菜籽粕（饼）：是菜籽榨油后的副产品，粗蛋白含量在37%左右，营养价值不如豆粕。由于其含有硫代葡萄糖苷，在芥子酶的作用下，可分解为异硫氰酸盐和噁烷硫酮等有害物质，严重影响菜籽粕的适口性，可导致甲状腺肿大、激素分泌减少，使动物生长速度和繁殖能力降低。其还具有辛辣味，适口性不好，所以饲喂时最好经过浸泡、加热，或采用专门的解毒剂进行脱毒处理。用量应控制在5%～8%。

c. 花生仁（饼）粕：是花生榨油后的副产品。花生饼含脂肪高，在温暖而潮湿的地方容易腐败变质而产生剧毒的黄曲霉毒素，因此不宜久存，用量在5%～10%。

d. 棉仁饼（粕）：是棉籽脱壳榨油后的副产品，粗蛋白含量一般在33%～40%，最高的有50%。因其含有棉酚毒素，不宜过多饲喂，日粮中不超过8%。

e. 植物蛋白粉：是制粉、酒精等加工业采用谷实、豆类、薯类提取淀粉，所得到的蛋白质含量很高的副产品。可作饲料的有玉米蛋白粉、粉浆蛋白粉等。其粗蛋白含量因加工工艺不同而差异很大，含量范围为25%～60%。

f. 啤酒糟：是酿造工业的副产品，粗蛋白含量丰富，达26%以上，啤酒糟含有一定量的酒精，饲喂时要注意供给量，喂量要适度，有人称啤酒糟是“火性饲料”。

g. 玉米胚芽（粕）饼：玉米胚芽饼是玉米胚芽湿磨浸提玉米油后的产物。其粗蛋白含量为20.8%，适口性好、价格低廉，是一种较好的饲料。

h. 玉米干酒糟及其可溶物（DDGS）：由干酒精糟（DDG）和可溶性酒精糟滤液（DDS）组成。DDGS是世界公认的优质蛋白质原料，蛋白质含量达30%左右。玉米酒糟中除碳水化合物减少外，其他成分为原料的24倍。其粗蛋白含量在28%～33%。

37. 鹅需要的主要常量元素和微量元素有哪些?

(1) 主要常量元素

① 钙和磷　一般认为，生长鹅日粮中的钙磷比约为2∶1，其中钙为0.8%～1.0%、有效磷为0.4%～0.5%；产蛋鹅约为6∶1，其中钙为2.5%～3.0%、有效磷为0.4%～0.5%。鹅容易发生钙、磷缺乏症，雏鹅缺钙时出现软骨症，关节肿大，骨端粗大，腿骨弯曲或瘫痪，有时胸骨呈“S”形；成年产蛋鹅缺钙时，蛋壳变薄，软壳和畸形蛋增多，产蛋率和孵化率下降。鹅缺磷时，往往表现食欲不振、生长缓慢，饲料利用率降低。钙、磷过多对发育也不利，钙过多会阻碍磷、锌、锰、铁、碘等元素的吸收。磷过多会降低镁的利用率，一般谷物等植物饲料中总磷含量虽高，但大部分为植酸

磷，有效磷很少，难以吸收利用。

② 钠、钾和氯　植物性饲料中含有的钾足够满足鹅正常生长所需要的量。钠和氯在植物性饲料中含量较少，动物性饲料中稍多，但一般都不能满足鹅的需要，因此在饲粮中必须补充适量的食盐，但日粮中含盐量过大将造成鹅的盐中毒，一般以添加 0.3% 为宜。

③ 镁和硫　镁缺乏时，鹅出现肌肉痉挛、步态蹒跚、生长受阻，种鹅产蛋量下降。常用的植物性饲料中含镁丰富，一般不会缺乏。日粮中含镁 500～600 毫克/千克即能满足鹅的生长、生产和繁殖的需要。如食入过量的钾或过量的钙、磷，均会影响镁的吸收和利用。

日粮中含硫氨基酸缺乏时，鹅表现为食欲减退，易引起掉毛、啄羽等。日粮中缺硫时可补充蛋氨酸、羽毛粉、硫酸钠等含硫物质。

(2) 主要微量元素

① 锰　锰不足时，雏鹅生长发育受阻，骨粗短，成年鹅的产蛋率和蛋的孵化率下降。日粮含锰 40～80 毫克/千克即能满足鹅的需要，缺乏时可添加硫酸锰。

② 锌　锌缺乏时雏鹅食欲不振、生长缓慢，关节肿大，羽毛、皮肤生长不良，有时出现啄羽、啄肛等怪癖，免疫力下降等；种鹅产蛋下降，孵化时出现畸胚。但锌过量时会引起鹅食欲下降，羽毛脱落，停止产蛋。日粮中含锌 40～80 毫克/千克即可满足鹅的需要。饲料中缺乏时可添加硫酸锌。

③ 铜和铁　如果日粮中缺铜就会出现鹅贫血、生长缓慢、被毛品质下降，骨骼发育异常，产蛋率下降，种蛋孵化过程中胚胎死亡多等现象。一般情况下日粮中不会缺乏铜，铜的主要补充形式是硫酸铜。饲料中含铁量丰富，鹅一般不会缺乏，日粮中含铁 40～60 毫克/千克即可满足鹅的生长、生产和繁殖的需要。但铁元素过多时，则易引起磷、铜和维生素 A 吸收率降低，出现缺乏症。缺

乏铁最主要的表现是贫血。目前铁的主要补充形式是在日粮中添加硫酸亚铁。

④ 碘　缺碘会引起甲状腺肿大，幼鹅生长受阻，骨骼和羽毛生长不良；成年种鹅产蛋量下降，种蛋受精率和孵化率降低。日粮含碘 20 毫克/千克即可满足鹅的需要。缺乏时一般多添加碘化钾或碘酸钙。

⑤ 硒　日粮中缺硒时，幼鹅常表现精神沉郁，食欲不振，生长迟缓，渗出性素质病，肌肉营养不良或白肌症，胰脏变性、纤维化、坏死等；种母鹅产蛋率下降、种蛋受精率降低及早期胚胎死亡等。硒是毒性很强的元素，可引起中毒。日粮中含硒 0.15～0.30 毫克/千克即能满足鹅的需要。一般通过补充亚硒酸钠预防和治疗缺硒症。

⑥ 钴　钴对骨骼的造血机能有着重要的作用，如果钴缺乏，就会发生恶性贫血。日粮中含钴 1～2 毫克/千克即可满足鹅的需要。

38. 鹅需要的维生素有哪些?

(1) 脂溶性维生素

① 维生素 A　又称视黄醇或抗干眼醇。主要来源于青绿多汁饲料中的类胡萝卜素和维生素 A 制剂等。缺乏维生素 A 时鹅生长发育缓慢，种鹅的产蛋量和蛋的孵化率下降，雏鹅步态不稳，眼、鼻出现干酪样物质。维生素 A 过量可引起中毒。鹅的最低需要量为每千克日粮中含维生素 A 1000～5000 国际单位。

② 维生素 D　又称钙化醇。饲料中维生素 D 缺乏时雏鹅生长发育不良，腿畸形，患佝偻病，母鹅产蛋量和蛋的孵化率都会下降，蛋壳薄而脆。维生素 D 过量时，可使大量钙从鹅的骨组织中转移出来，导致组织和器官普遍退化、钙化，生长停滞，严重时，常死于血毒症。一般在日粮中补充维生素 D 200～300 国际单位/千克时，即可满足鹅的需要。

③ 维生素E　又称生育酚。主要来源于小麦、苜蓿粉和维生素E制剂。缺乏维生素E时母鹅繁殖功能紊乱；公鹅睾丸退化，种蛋受精率、孵化率下降，胚胎退化；雏鹅脑软化，肾退化，患白肌病及渗出性素质病，免疫力下降。一般在日粮中补充维生素E 50～60毫克/千克即可满足鹅的需要。

④ 维生素K　又称凝血维生素。主要来源于青绿多汁饲料、鱼粉和维生素K制剂。维生素K能维持正常的凝血时间，缺乏时鹅易患出血症，凝血时间延长，呈现紫色血斑，生长缓慢；种蛋孵化率降低。一般在日粮中添加维生素K 2～3毫克/千克即可满足鹅的需要。

(2) 水溶性维生素

① 维生素B_1（硫胺素）又名抗神经炎素。主要来源于酵母、谷物、青绿饲料以及肝、肾等动物产品和维生素B_1制剂中。维生素B_1缺乏时可导致鹅食欲减退，消化不良，发育不全，引起多发性神经炎，生殖器官萎缩并产生神经性紊乱，频繁痉挛，繁殖力降低或丧失。通常在日粮中添加维生素B_1 1～2毫克/千克即可满足鹅的需要。

② 维生素B_2（核黄素）　主要来源于酵母粉、豆科植物、小麦、麸皮、米糠和动物性饲料及维生素B_2制剂。如果饲料中缺乏，仔鹅生长缓慢，腿部瘫痪，行走困难，主要跗关节着地，脚趾向内弯曲成拳状，皮肤干燥而粗糙；种鹅产蛋量减少，种蛋孵化率降低，孵化过程中死胚增加。

③ 泛酸（维生素B_3）　缺乏泛酸时容易导致鹅生长缓慢，羽毛松乱，眼睑黏着，嘴角、眼角和肛门周围出现结痂，胚胎死亡率较高，易患皮肤病。泛酸很不稳定，与饲料混合时易受破坏，常用泛酸钙作添加剂。糠麸、小麦、青饲料、花生饼、酵母中含泛酸较多，玉米中含量较低。在日粮中添加泛酸10～30毫克/千克即能满足鹅的需要。

④ 胆碱（维生素B_4）　缺乏胆碱时鹅生长迟缓、骨粗短，雏

鹅共济失调，脂肪代谢障碍，易发生脂肪肝。鹅体内不能通过蛋氨酸合成胆碱，完全依赖于外源供给。因此，鹅对胆碱的需求比哺乳动物大。胆碱主要来源于鱼产品等动物性饲料、大豆粉、氯化胆碱制剂等。

⑤ 烟酸（维生素 B_5） 烟酸又称尼克酸，缺乏时成年鹅骨粗短，关节肿大等，雏鹅口腔和食管上部发炎，羽毛粗乱，成鹅脱羽，产蛋及蛋的孵化率下降。一般需将化学合成制剂加入饲料中。在日粮中添加烟酸 50～70 毫克/千克即能满足鹅的需要。

⑥ 吡哆醇（维生素 B_6） 严重缺乏时可导致鹅抽筋、盲目跑动，甚至死亡，部分缺乏时使产蛋率和蛋的孵化率下降，雏鹅生长受阻，易患皮肤病。一般饲料原料如糠麸、苜蓿、干草粉和酵母中含量丰富，且又可在体内合成故很少有缺乏现象。日粮中含维生素 B_6 1～2 毫克/千克即能满足鹅的需要。

⑦ 生物素（维生素 B_7） 又称维生素 H。缺乏时一般表现为发育不良，生长停滞，蛋的孵化率降低，鹅骨骼畸形，爪、嘴及眼周围易发生皮炎。生物素主要来源于青绿多汁饲料、谷物、豆饼、干酵母以及生物素制剂等。一般在日粮中添加生物素 25～100 毫克/千克即能满足鹅的需要。

⑧ 叶酸（维生素 B_{11}） 缺乏叶酸时鹅易引起贫血、生长慢、羽毛蓬乱、骨粗短、蛋的孵化率降低。叶酸主要来源于动物性饲料、豆饼等。包括鹅在内的家禽必须通过日粮提供叶酸。通常在日粮中添加叶酸 1～2 毫克/千克即能满足鹅的需要。

⑨ 维生素 B_{12}（钴胺素） 维生素 B_{12} 缺乏时雏鹅生长速度减慢，母鹅产蛋量下降，种蛋孵化率降低，脂肪沉积于肝脏并出现出血症状，称为脂肪肝出血综合征。维生素 B_{12} 主要来源于动物性蛋白质饲料和维生素 B_{12} 制剂。维生素 B_{12} 在鹅体内不能合成，一般在日粮中添加 5～10 毫克/千克即能满足鹅的需要。

⑩ 维生素 C 又名抗坏血酸，鹅体内能合成维生素 C，且青绿饲料中含有丰富的维生素 C，故一般不会出现缺乏。但当鹅处于应

激状态时，如高温、患病、饲料变化、转群、接种疫苗时应增加维生素 C 的用量，有助于增强鹅的抗应激能力。

39. 饲料添加剂的种类有哪些?

饲料添加剂是指除了为满足鹅对主要养分（能量、蛋白质、矿物质）的需要之外，还必须在日粮中添加的其他多种营养性和非营养性成分，如氨基酸、维生素、促进生长剂、饲料保存剂等。

(1) 营养性添加剂 主要用于平衡鹅的日粮养分，以增强和补充日粮的营养为目的的那些微量添加成分。主要有氨基酸添加剂、维生素添加剂和微量元素添加剂等。

① 氨基酸添加剂 用于饲料添加剂的氨基酸有赖氨酸、蛋氨酸、色氨酸、苏氨酸、精氨酸、甘氨酸、丙氨酸和谷氨酸等共八种。在鹅日粮中常添加的为蛋氨酸和赖氨酸。

② 维生素添加剂 国际饲料分类把维生素饲料划分为第七大类，指由工业合成或提纯的维生素制剂，不包括天然的青绿饲料。习惯上称为维生素添加剂，在国外已列入饲料添加剂的维生素约有 15 种。

③ 微量元素添加剂 用于补充铁、铜、锌、锰等，宜选择硫酸盐类试剂，便于对蛋氨酸的吸收利用。

(2) 非营养性添加剂 非营养性添加剂不是鹅必需的营养物质，但添加到饲料中可以产生各种良好的效果，有的可以预防疾病、促进生长、促进食欲，有的可以提高产品质量或延长饲料的保质期限等。根据其功效可分为三大类，即抗病促进生长剂、饲料保存剂和其他饲料添加剂（如调味剂、着色剂等）。

① 抗病促进生长剂 主要功效是刺激鹅的生长，提高生产性能，改善饲料利用率，防治疾病，保障鹅的机体健康。

a. 抗生素类：抗生素类添加剂具有促进鹅的生长和维护机体健康的作用。有杆菌肽锌预混剂、硫酸黏杆菌素预混剂、万能霉素等。

b. 磺胺类与抗菌增效剂：美国进口的动物食品规定不可以使用。

c. 驱虫保健类：有莫能霉素，是广谱抗球虫药，对革兰阳性菌也有较高的抗菌性。拉沙霉素、盐霉素、马杜霉素都有抗球虫作用。

② 饲料保存剂

a. 抗氧化剂：饲料中养分因氧化而失效造成饲料品质降低，饲料营养价值下降，甚至影响鹅对饲料的采食量。应用最普遍的有二丁基羟基甲苯（BHT）、丁羟基茴香醚（BHA）与乙氧喹，但在生产A级绿色食品时三种抗氧化剂禁止使用。

b. 防霉剂：防霉剂可以抑制霉菌细胞的生长及其毒素的产生，防止饲料霉变，起到保护鹅群健康的作用。在日粮中应用较多的防霉剂是丙酸及其盐类，其他有山梨酸、乙酸、富马酸及其盐类等。

c. 颗粒黏结剂：黏土、膨润土、聚丙烯酸钠等。

③ 调味诱食剂和着色剂

a. 调味诱食剂：又称食欲增进剂。主要有：香草醛、肉桂醛、丁香醛、果醛等，常与甜味剂（糖精、糖蜜）和香味剂（乳酸乙酯、乳酸丁酯）等一起混合使用，效果较好。

b. 着色剂：如蛋鹅和肉鹅饲料中加入黄、红色着色剂后，可使蛋黄及鹅皮颜色加深。天然植物中含有较高的胡萝卜素和叶黄素，如苜蓿叶粉含叶黄素、玉米面筋粉含叶黄素、干红辣椒含叶黄素等。合成类着色剂主要是胡萝卜素衍生物，如β-胡萝卜素、柠檬黄、胭脂红、栀子黄色素等。

(3) 绿色饲料添加剂

① 益生素　又称益生菌或微生态制剂等，是指由许多有益微生物及其代谢产物构成的，可以直接饲喂动物的活菌制剂。目前已经确认适宜作益生素的菌种主要有乳酸杆菌、链球菌、芽孢杆菌、双歧杆菌以及酵母菌等。

② 酶制剂　酶是活细胞所产生的一类具有特殊催化能力的蛋

白质，是促进生化反应的高效物质。

另外，发展中草药添加剂是当前畜牧业的一个趋势。由于中草药添加剂一般无毒副作用，也不会引起药物残留，因此很多厂家都在研发中草药添加剂。在养鹅业中，可根据具体情况和条件，在鹅的饲料中添加中草药添加剂，以发展有机养鹅业。

（二）鹅饲料的配制

40. 配制鹅精饲料时的注意事项有哪些?

（1）制定鹅饲料配方的原则 根据鹅的品种、发育阶段和生产目的选用适宜的饲养标准，既满足鹅的生理需要又不造成营养浪费。

（2）立足当地资源，在保证营养全面的前提下尽量降低成本，使饲养者得到更大的经济效益；选择适口性好并有一定体积的原料，保证鹅每次都食进足够的营养。

（3）多种原料搭配，以发挥相互之间的营养互补作用。

（4）选用的原料质量要好 没有发霉变质现象，没有受到农药污染。

（5）鹅饲料的配制 各类饲料原料的大致用量为：籽实类及其加工副产品占30%～70%，块根（茎）类及其加工副产品（干重）占15%～30%，动物性蛋白质饲料占5%～10%，植物性蛋白质饲料占5%～20%，青饲料和草粉占10%～30%，钙粉和食盐酌情添加，并视具体需要使用一些添加剂。

（6）选择合理的饲料混合形式混合时，将各种原料加工成干粉后搅拌均匀，压成颗粒投喂。

41. 日粮的配合有哪些基本原则?

（1）符合鹅的营养需要 日粮配合的依据是鹅的饲养标准和营养价值表，设计饲料配方时，要明确饲养对象，选用适当的饲养标准，并根据生产实践经验作适当调整。

（2）符合鹅的生理特性　设计饲料配方时，饲料原料的选择既要满足鹅的营养需要，又要与鹅的消化生理特点相适应，包括饲料的适口性、容重、粗纤维含量等。尽可能选用适口性好的饲料，对营养价值较高但适口性很差的饲料，必须限制其用量，以使整个日粮具有良好的适口性，霉变饲料严禁使用。鹅比其他家禽耐粗饲，日粮中可适当选用一些粗纤维含量高的饲料。

（3）符合饲料卫生质量标准　配制的配合饲料应严格符合国家法律、法规及条例，如营养指标、感官指标、包装等，要符合国家饲料卫生质量标准，尤其是违禁药物及对动物和人体有害物质的使用或含量应强制性遵照国家规定。

（4）符合经济原则　应充分利用当地饲料资源，同时应考虑到饲料成本和经济效益。特别是饲草基地，选购草粉时同样要考虑质量和价格。饲料原料应多样化，不同饲料种类的营养成分不同，多种饲料可起到营养互补的作用，以提高饲料的利用率。

42. 饲料配方设计的方法和日粮配合的步骤有哪些?

饲料配方的设计方法较多，有四角法、差代法、试差法和计算机法等。但不论应用哪种方法，饲料种类越多，营养指标项目越多，计算起来就越复杂。

（1）四角法　四角法又称方形法、对角线法。这种方法直观易懂，适于在饲料种类少、营养指标要求不多的情况下采用。

（2）差代法　差代法又称联立方程式法。这种方法是通过解线性联立方程求得饲料配方比例。

（3）试差法　试差法是畜牧生产中最常用的一种日粮配合方法。此法是根据喂养标准及饲料供应情况，选用数种饲料，先初步规定用量进行试配，然后将其所含养分与喂养标准对照比较，差值可通过调整饲料用量使之符合喂养标准的规定。应用试差法，一般经过反复的调整计算与对照比较。其具体步骤如下：

① 根据鹅的年龄、生长发育阶段、生产类型，参照鹅的饲养

标准表，找出所需要的各种营养物质的数量。例如为后备鹅配合日粮。查阅鹅饲养标准（代谢能、蛋白质和矿物质部分）可知，后备鹅需要代谢能 10.88 兆焦/千克，粗蛋白 15.0%，钙 1.65%，磷 0.8%，食盐 0.25%。

② 根据现有的饲料种类，选择既符合营养要求，价格又低，适口性又好的饲料，初步确定其大致用量，并列出日粮配合计算表。例如所选饲料为玉米、豌豆、麸皮、聚合草粉、豆饼、骨粉、贝壳粉、食盐等。

③ 查“鹅常用饲料营养成分表”，找出拟选饲料的各种营养成分的含量，然后分别计算所选每一种饲料初步定量的营养成分的数值。各种营养成分计算出以后，把各种饲料的同一营养成分的数值分别相加，与饲养标准对照，看符合与否，见表 3-2。

④ 调整配方。如初步计算的日粮含粗蛋白为 16.07%，比 15.0%标准偏高，代谢能基本符合要求。这时要适当减少含蛋白质高的豆饼，相应增加含能量与豆饼相同或略高、含蛋白质低的饲料，如豌豆，见表 3-3。经调整，日粮含粗蛋白 15.18%，代谢能 10.91 兆焦/千克，与饲养标准基本相同，可以确定下来。若调整后仍有较大偏差，则需继续调整，直至基本一致为止。

表 3-2　后备鹅日粮配合的初步计算

饲料	初步确定配合比例/%	粗蛋白/%	代谢能/兆焦
玉米	30	0.3×11.35=3.41	0.3×14.00=4.20
豌豆	25	0.25×11.1=2.78	0.25× 12.63=3.16
麸皮	20	0.2×13.7=2.74	0.2×9.42=1.88
聚合草粉(含水 11.44%)	5	0.05×20.2=1.01	—
豆饼	15	0.15×40.9=6.14	0.15×10.41=1.56
骨粉	2		
贝壳粉	2		

续表

饲料	初步确定配合比例/%	粗蛋白/%	代谢能/兆焦
食盐	0.4		
微量元素	0.59		
复合维生素	0.01		
合计	100		
每千克混合料含		16.07	10.80

表 3-3　后备鹅日粮配合的计算

饲料	配合比例/%	粗蛋白质/%	代谢能/兆焦
玉米	30	0.33×11.35=3.75	0.33×14.00=4.20
豌豆	25	0.25×11.1=2.78	0.25×12.63=3.79
麸皮	20	0.02×13.7=2.74	0.2×9.42=1.88
聚合草粉	5	0.05×20.2=1.01	—
豆饼	12	0.12×40.9=4.91	0.12×10.41=1.04
骨粉	2		
贝壳粉	2		
食盐	0.4		
微量元素	0.59		
复合维生素	0.01		
合计	100		
每千克混合料含		15.18	10.91

其他营养成分的试算，如粗纤维、粗脂肪等，可依照与上述同样的方法进行，至于钙、磷和食盐只要根据营养需要，略加估计即可，不足的数量主要靠补加，直至满足。微量元素和维生素添加剂

通常按添加剂使用说明书计算用量。

在给鹅补饲精料的时候，一般都单纯喂一些稻谷、麦子、玉米或糠麸饲料。这样做虽比较方便，但对鹅的生长和产蛋都是不利的。实践证明，用配合饲料喂鹅比单一饲料好。有人试验用单一饲料喂的鹅 3 周龄体重平均只有 600 多克，而用混合料饲养的鹅，3 周龄体重平均达 900 多克，比单一饲料提高 50%，效果十分显著。

(4) 计算机法 饲料配制者按动物营养与饲料科学知识，将饲料原料比例按要求输入计算机，根据具体情况及时调整一些参数，在计算机配方设计过程中，使配方更科学、更完美。

43. 常用的鹅饲料配方有哪些?

为了便于读者参考，我们从有关资料中查阅并列举了部分鹅的配方示例，见表 3-4、表 3-5。

表 3-4 鹅的日粮配方示例

饲料名称 /%	鹅不同生长阶段饲料成分及含量				
	雏鹅 0～4 周龄	生长鹅		育成鹅	种鹅
		4～8 周龄	8 周龄至上市		
玉米	39.96	37.96	43.46	60.00	38.79
高粱	15.00	25.00	25.00	—	25.00
大豆粕	29.50	24.00	16.50	9.00	11.00
鱼粉	2.50	—	—	—	3.10
肉骨粉	3.00	—	1.00	—	—
糖蜜	3.00	1.00	3.00	3.00	3.00
麸皮	5.00	5.00	5.40	20.00	10.00
米糠	—	—	—	4.58	—
玉米麸皮质粉	—	2.50	2.50	—	2.40
油脂	0.30	—	—	—	—
食盐	0.30	0.30	0.30	0.30	0.30
磷酸氢钙	0.10	1.50	1.40	1.50	1.00
石灰石粉	0.74	1.20	0.90	1.10	4.90
赖氨酸	—	—	—	—	—
蛋氨酸	0.10	0.04	0.04	0.02	0.01
预混料	0.50	0.50	0.50	0.50	0.50

续表

饲料	鹅不同生长阶段饲料成分及含量				
	雏鹅 0～4 周龄	生长鹅		育成鹅	种鹅
		4～8 周龄	8 周龄至上市		
营养成分					
粗蛋白/%	21.8	18.5	16.2	12.9	15.5
代谢能/(兆焦/千克)	11.63	12.01	12.31	11.08	11.61
钙/%	0.82	0.89	0.85	0.85	2.24
有效磷/%	0.36	0.40	0.72	0.43	0.37
赖氨酸/%	1.23	0.91	0.73	0.53	0.70
甲硫氨酸+胱氨酸/%	0.78	0.66	0.59	0.44	0.55

表 3-5 鹅的精饲料配方示例

饲料名称/%	鹅不同生长阶段饲料成分含量			
	雏鹅	生长鹅	种鹅(维持)	种鹅(产蛋)
黄玉米	56.7	67.9	61.8	58.4
脱脂大豆粉	23.6	16.0	7.2	18.0
大麦	10.0	10.0	25.0	10.0
肉骨粉	4.0	2.0	—	5.0
脱水苜蓿粉	2.0	1.0	2.0	2.0
甲硫氨酸	0.1	0.05	—	0.05
动物油脂	1.25	—	—	—
磷酸二氢钙	0.55	0.9	1.5	1.2
石灰石粉	0.4	0.8	1.0	4.0
碘盐	0.4	0.4	0.5	0.4
预混料	1.0	1.0	1.0	1.0
营养成分				
粗蛋白/%	20.5	16.4	12.3	18.3
代谢能/(兆焦/千克)	12.51	12.73	12.49	11.88
能量蛋白比	66	84	110	70
粗纤维/%	3.0	2.8	3.3	2.9
钙/%	0.78	0.77	0.76	2.4
有效磷/%	0.41	0.37	0.37	0.57
赖氨酸/%	1.05	0.77	0.49	0.87
蛋氨酸+胱氨酸/%	0.75	0.60	0.43	0.62
维生素 A/(国际单位/千克)	9900	7150	6600	8800
维生素 D_3/(国际单位/千克)	1320	1100	880	1650
烟碱酸/(毫克/千克)	81.4	70.4	63.8	81.4

44. 产蛋母鹅的营养需要及饲料是什么?

种鹅由于连续产蛋和繁殖后代，需要消耗较多的营养物质，尤其是能量、蛋白质、钙、磷等。如果营养供给不足或养分不平衡，就会造成蛋重减少、产蛋量下降、种鹅体况消瘦，最终停产换羽，因此要充分考虑母鹅产蛋所需的营养。在以舍饲为主的条件下，建议产蛋母鹅日粮营养水平为：代谢能 10.88～11.51 兆焦/千克，粗蛋白 15%～16%，粗纤维 8%～10%，赖氨酸 0.8%，蛋氨酸 0.35%，胱氨酸 0.27%，钙 2.2%～2.5%，磷 0.65%，食盐 0.5%。

产蛋母鹅要喂饲适量的青绿多汁饲料。国内外的养鹅生产实践和试验都证明，母鹅饲喂青绿多汁饲料对提高母鹅的繁殖性能有良好影响。另外，产蛋母鹅日粮中搭配适量的优质干草粉，也可以提高母鹅的繁殖性能。产蛋鹅舍应单独设置一个矿物质饲料盘，任其自由采食，以补充钙质的需要。种鹅产蛋和代谢需要大量的水分，所以对产蛋鹅应给足饮水，经常保持舍内有清洁的饮水。产蛋鹅夜间饮水与白天一样多，所以夜间也要给足饮水，满足鹅体对水分的需求。我国北方早春气候寒冷，饮水容易结冰，产蛋母鹅饮用冰水对产蛋有影响，应给予 12℃的温水，并在夜间换一次温水，防止饮水结冰。

（三）种草养鹅技术

45. 为何要大力提倡种草养鹅?

（1）牧草是养鹅最主要、最经济的饲料之一 但野生天然草生长季节性强，产草量和营养成分低，为保证全年均衡供草和高营养的需要，应选择适宜不同季节种植的牧草养鹅。

（2）种草养鹅可节约精饲料 雏鹅生长快，饲料转化率高，雏鹅料肉比为（1.3～1.5）∶1，养 1 只商品肉鹅从育雏到出栏平均鹅体重 3.5～4 千克（饲养肉鹅 75～90 天），需要新鲜青草 30～40 千

克（每 10 千克青草相当于 1 千克精饲料），养 1 只肉鹅可节约 3～4 千克精饲料，降低了养鹅成本。

(3) 种草养鹅投资小、效益大 鹅具有较强的抵抗力，适应性广、耐寒力和生活力强，农户家庭养鹅可因陋就简，就地取材。通过实践验证，套种菊苣、黑麦草的每亩（1 亩＝666.67 平方米）每茬可养鹅 70～80 只，全年供草可饲养 8～9 批肉鹅，年计 600～700 只成鹅，按反季节上市平均价格，每只肉鹅纯收入在 10 元左右，那么每亩饲料草地年效益为 6000～7000 元。

(4) 种草养鹅能节省劳动力，降低养殖成本 例如：当年 8 月底至 9 月初种一亩多花黑麦草或冬牧 70 黑麦草，于当年 12 月份至翌年 5 月份，产鲜草 5000～6000 千克，分批养鹅 150～250 只，节省劳力，每只鹅可降低养殖成本 6～8 元。

46. 种草养鹅的主要模式有哪些?

(1) 冬闲田种草养鹅 利用冬闲田进行“水稻—牧草—水稻”轮作，可以把丰富的水热资源转化为大量优质青饲料，避开饲料与粮食和经济作物争地、争季节的矛盾。在冬闲田种草养鹅的模式中，关键还要确定每亩牧草能喂养鹅的数量。养鹅过少，不能充分发挥牧草的效益；养鹅过多，牧草不够，必然要增加精料的投入，从而增加饲养成本，降低养殖效益。目前，以稻田套种黑麦草可适当混播少量的豆科牧草如紫云英、白三叶等，亩产鲜草量达5000～7000 千克，而肉鹅饲养 70 天上市，平均每只鹅食草 40 千克左右，故每亩养鹅的数量为 150 只。

(2) 果园种草养鹅 随着农业经济结构的调整，山地开发得到了大力发展，果园规模日益扩大。鹅在果园觅食，可把果园地面上和草丛中的绝大部分害虫吃掉，从而减少了害虫对果树的危害；同时，1 只鹅一年所产生的鹅粪含氮肥 1000 克、磷肥 900 克、钾肥 510 克，如果按每亩种草供养 20 只鹅计算，就相当于施入氮肥 20 千克、磷肥 18 千克、钾肥 10 千克，既提高了土壤的肥力，促进果树生长，又节约了肥料，减少了投资；另外，果园种草养鹅，鹅舍可建在果园附近，一般离村庄都较远，从而减少了疾病传播的机会，有利于防疫。果园种草养鹅，一般选用黑麦草，也有选用苜蓿、三叶草的。果园套种草前先要做好规划：先在园中建有一个大水池，便于果园浇水和鹅戏水、交配等。保证水质质量，污染时即换新水，废水可用来浇灌果树。

(3) 林间种草养鹅　随着我国退耕还林政策的实施，很多地方的树林种植面积越来越多，林间种草养鹅，养殖林地通风透光、氧气充足，又远离村庄，不易传染疾病。地上种树，树下养鹅，鹅粪为树提供养料。利用林间种草养鹅，成为了农民致富、增加收入的有效途径。间作牧草的林间其行距以2米×3米为宜，每亩植树110株左右。林间作的牧草品种有鲁梅克斯、苜蓿等。每亩每年可养鹅4茬，每茬50只。

(4) 玉米地种草养鹅　“草-鹅-鲜食玉米”生态农业模式的优越性是打破了传统的“稻—麦”轮作种植方式，实行“草-鹅-鲜食玉米”种、养结合模式，能够优化农业结构，实现资源循环利用，保护农业生态环境，提高农业生产的整体效益。该模式就是根据市场需求，规模生产无公害的鲜食玉米和鹅，并将玉米秸秆和鹅粪进行肥料化利用。鲜食玉米生产实行分期播种，均衡上市。种草养鹅利用鲜食玉米生长后期田间良好的温度和湿度等自然资源，使套种的牧草早播种、早出苗、早利用、多养鹅，达到免耕种草养鹅、省工节本增收的目的。

47. 草种配套模式有哪些?

(1) 籽粒苋、苦荬菜、谷稗配套种植　以籽粒苋为主，苦荬菜、谷稗为辅，这三种牧草均属1年生，生产性能好，营养价值高，在养鹅业中最为常见，适宜在全国各地种植，可春、夏、秋三季播种。籽粒苋抗旱，耐贫瘠，抗逆性强，生长迅速，再生快，高产优质，适口性好，营养丰富，尤其蛋白质、赖氨酸含量高。苦荬菜比籽粒苋更柔嫩，全株含有白色乳汁，适口性极好，可促进鹅的食欲，并有消炎、祛火、止痛、防病、灭疫作用。谷稗茎叶含糖量高，并且粗纤维含量适中，搭配饲喂可进一步增强适口性。在种植1亩籽粒苋、0.8亩苦荬菜、0.7亩谷稗的情况下，以1∶0.5∶0.5的鲜重比饲喂，可常年满足250～300只鹅的需要。

(2) 菊苣（或鲁梅克斯）、谷稗配套种植 菊苣、鲁梅克斯均为多年生牧草，具有高产优质的特点，一年播种多年利用，第一年产量低，第二年进入盛产期。尤其菊苣适口性好，仅次于苦荬菜，每亩产量在7000千克以上，供草期在4～11月份，在南方可大面积种植，但北方越冬困难；而鲁梅克斯抗寒性强、适于北方栽培，但在南方越夏困难，故不同地区可根据气候选用。在种植1亩菊苣（或鲁梅克斯）、谷稗的情况下，以2∶1的鲜重比饲喂，可满足200只鹅需要。

(3) 菊苣、苦荬菜配套种植 鉴于菊苣有短暂的高温季节生长缓慢期，而苦荬菜7～8月份气温高时生长最旺盛，故此两种牧草兼种，可以互补。如果这种模式再辅以野草饲养，每亩可养鹅300只左右。第一批4月中旬进雏，每亩养50只，6月下旬上市；第二批5月下旬进雏，每亩养100只，8月上旬上市；第三批6月中旬进雏，每亩养50只，8月下旬上市；第四批8月上旬进雏，每亩养100只，11月份上市。

(4) 黑麦草、苦荬菜轮作 黑麦草为禾本科草本植物，在春秋季生长繁茂，草质柔嫩多汁，适口性好，供草期为10月至次年5月，夏天不能生长；而苦荬喜温耐炎热，夏季生长十分旺盛，适应性强，鲜嫩适口，供草期为5～9月，故两者轮作可满足种鹅和商品鹅所需的常年牧草供应。

(5) 多花黑麦草、籽粒苋轮作 多花黑麦草在4～5月收割完后，立即种植籽粒苋，籽粒苋在8～9月收割完后，在9～10月立即种植多花黑麦草。籽粒苋的种植技术是每亩播种0.5千克，底肥用农家肥3000千克、尿素30千克、钾肥40千克，追肥用农家肥适量、标氮10千克。籽粒苋的播种方式用撒播、条播、穴播皆可，条播行距25厘米、穴距25厘米、播深1厘米。

另外，俄罗斯饲料菜、冬牧-70的抗寒性都较强，枯黄晚，返青早，可作为初冬早春供青，也可混合青贮饲喂，还可适当搭配种植紫花苜蓿、杂交狼尾草、多花黑麦草、饲用胡萝卜等辅助性饲草使用。

48. 鹅喜欢采食哪些种类的牧草?

（1）禾本科牧草 禾本科牧草富含无氮浸出物，在干物质中粗蛋白的含量为10%～15%。禾本科牧草的营养价值虽不及豆科牧草，但其适口性好，无不良气味，鹅都爱吃。禾本科牧草的优点在于适口性好，抗病虫害能力强，产量高，栽培容易，方便调制干草和保存，耐践踏力和再生能力强，适于放牧和多次刈割利用。如黑麦草、狼尾草、无芒雀麦等。

（2）豆科牧草 豆科牧草是牧草中蛋白质含量最丰富的一类，也是鹅非常喜食的牧草之一。适期利用的豆科牧草粗纤维含量低，柔嫩多汁，适口性强，易消化。但豆科牧草中的蛋白质含量随其生长期不同而变化很大。在幼嫩期，蛋白质含量较高，而在现蕾后蛋白质含量明显降低，其茎的木质化速度比禾本科牧草出现较早而快，特别是出现籽实后的豆科牧草，茎秆的适口性和利用率降低。因此，豆科牧草必须注意选择适宜的刈割时期。

（3）青绿多汁饲料 鲜嫩的青绿饲料含木质素少，易于消化，适口性好，种类多，来源广，利用时间长，是养鹅最主要、最经济的饲料之一。青绿饲料的营养成分比较全面，维生素和矿物质含量丰富，蛋白质的质量较好。青绿饲料的不足之处是含水量高，一般达80%以上，蛋白质和能量含量较低，以喂青绿饲料为主的雏鹅、种鹅要适当补充精饲料。如苦荬菜、菊苣、苋菜等。

49. 为什么说牧草品种配置是种草养鹅的关键?

鹅1周龄即可在草地上采食，4周龄后，牧草就可占日粮比重的80%以上。相对于禾本科牧草而言，鹅更喜食豆科牧草和多汁的菊科牧草。

四季养鹅可以安排一定面积的多年生牧草，如白三叶、红三叶、菊苣、紫花苜蓿等。

冬春季养鹅可以在早秋播种越年生牧草，如禾本科的多花黑麦草、冬牧70黑麦，豆科的苕子、紫云英、紫花苜蓿以及胡萝卜等蔬菜。

越年生牧草可以按禾本科牧草占60%、豆科牧草占40%的比例，于晚秋混播种植。冬季牧草生长慢，往往需要补充青贮料。

杂交狼尾草、苦荬菜、宁杂3号狼尾草等，是夏季高温期养鹅的理想青饲料，在较好的管理条件下，每亩载鹅量与春季相当或更高。

秋季养鹅除利用多年生牧草外，叶菜类蔬菜也是理想的青饲料，可因地制宜加以选用。冬季可用蔬菜、草粉喂鹅。

50. 牧草收割有哪些注意事项?

家禽类采食牧草，要求牧草鲜嫩为宜，必须适时合理割青利用牧草茎叶。在刈割利用时，既要防止割青过早、过频降低产量，又要注意单纯为了高产导致植株过于高大、茎叶老化而不易被家禽采食利用。

例如，黑麦草第1次刈割时植株的高度以不超过50厘米为宜，以后刈割高度控制在50～70厘米左右。苏丹草、墨西哥玉米第1次利用时高度在60厘米，以后不应超过1米。其他一些品种，如小米草、苦荬菜、拟高粱、狼尾草等，在刈割利用时也要掌握这个原则。

确定最适刈割期，既不能单纯根据产量，也不能只看质量，而应把两者结合起来。一般是刈割利用的时间，豆科牧草为现蕾至初花期，禾本科牧草在出穗期，这样既有较高的产量，同时营养也较丰富。喂鹅多在花前或抽穗前刈割利用效果最好。

刈割次数与程度适宜，不能过分刈割或过多刈割。过分刈割就是牧草刈割时留茬太低，如同刮地皮一样刈割利用，破坏了牧草的生长点，不利于牧草的再生；过多刈割就是增加了牧草的刈割次数，这样所造成的后果必然导致牧草地的衰退。正确的刈割一般是留茬高度为5～10厘米，刈割次数全年6～8次为宜。

一般来说，同一种牧草南方的利用次数多于北方，多年生牧草以春秋季利用为主，一年生牧草以夏、秋季利用为主，越年生牧草以春季利用为主。牧草的刈割高度上繁牧草宜高，下繁牧草宜低，高大牧草宜高，矮小牧草宜低。

51. 牧草如何加工调制?

（1）干草调制

① 适时收割　豆科牧草最适收割期应为现蕾盛期至始花期。而禾本科在抽穗至开花期刈割较为适宜。对于多年生牧草秋季最后一次刈割应在停止生产前30天为宜。

② 调制方法　有自然干燥法和人工干燥法两种。

a. 自然干燥法：即完全依靠日光和风力的作用使牧草水分迅速降至17%左右的调制方法。这种方法简便、经济，但受天气的影响较大，营养物质损失相对于人工干燥来说也比较多。自然干燥也分为地面干燥法和草架干燥法。

b. 人工干燥法：方法有常温鼓风干燥法和高温快速干燥法两种。常温鼓风干燥法，是把刈割后的牧草压扁并在田间预干到含水量50%，然后移到设有通风道的干燥棚内，用鼓风机或电风扇等吹风装置进行常温鼓风干燥。高温快速干燥法，则是将鲜草切短，通过高温气流，使牧草迅速干燥，牧草的含水量在短时间内下降至15%以下。

（2）草产品加工　草产品是指以干草为原料进行深加工而形成的产品。主要有草捆、草粉、草颗粒、草块等。

① 草捆加工　用收割压扁机完成牧草的收割并同时将茎秆压

扁，使茎、叶的干燥速度基本处于同步，用专门机械摊晒牧草，干燥后搂成草条，然后用捡拾压捆机将草条自动捡起并压捆。在压捆时必须掌握好牧草的含水量。一般认为，在较潮湿地区适于打捆的牧草含水量为30%～35%；干旱地区为25%～30%。

② 草粉加工　草粉加工所用的原料主要是豆科牧草和禾本科牧草，特别是苜蓿。据报道，全世界草粉中，苜蓿草粉约占95%。

牧草干燥后立即用锤式粉碎机粉碎，然后过筛制成干草粉。若用鲜草直接加工，首先是将鲜草经过1000℃左右高温烘干机烘干，数秒后鲜草含水量降至12%左右，紧接着进入粉碎装置，直接加工为所需草粉。

③ 草颗粒加工　草颗粒在压制过程中，可加入抗氧化剂，防止胡萝卜素的损失。在生产上应用最多的是苜蓿颗粒，占90%以上，以其他牧草为原料的草颗粒较少。

④ 草块加工　牧草草块加工分为田间压块、固定压块和烘干压块三种类型。草块压制过程中可根据鹅的需要，加入矿物质及其他添加剂。

52. 如何利用杂草养鹅?

杂草种类繁多，营养丰富，如果能够适时采收利用，不但能够使田间清净，利于庄稼生长，还可以给鹅补充青绿饲料，节约精饲料，降低饲养成本。丘陵、山坡、草地、闲地和沟、渠、道旁的杂草，如果离鹅场不是太远，可以采用放牧的方式。鹅采食杂草的能力很强，定期出去放牧比人工割草省时、省力，并且对杂草的利用也充分。田间杂草，一般以人工除草方式清除并及时收集喂鹅。林中杂草，一般采用定期放牧的方式利用，另外在林中可适当播种一些耐阴牧草，如白三叶等，以补充野生杂草的不足。

53. 水草能否用于喂鹅?

水域宽广、河流交错、水草丰盛的地方比较适合养鹅，因为鹅

比较喜欢采食水草，尤其是淡水环境中生长的水草，非常适宜喂鹅。鹅吃掉水草既节省了饲料，同时又保持了水源环境平衡。常见的水草如下。

（1）篦箕草又名苦草、扁水草，具有纤细的匍匐枝，长的可达2米，宽8～14毫米，绿色半透明。普遍生长于小河、行道两侧，湖荡四周较静的水中生长茂盛，用长柄镰刀在水底稍砍几下，待草浮上水面即可捞取，摊晒后喂鹅。

（2）黑藻又名水王荪、水灯笼草。茎长0.5～1.5米，叶长1～2厘米，宽1.5～2毫米，边缘有小齿。生于池塘、湖泊、水沟中，用两根细竹竿边夹边捞，浅水处直接下水捞取。

（3）金鱼藻俗名金鱼草。多年生，植株沉没水中，茎平滑而细长，可达60厘米。生长于小湖泊近水处。池塘、水沟多见，用竹竿或下水捞取。

（4）槐叶平茎横卧水中，无根，叶在节上轮生，浮于水面，长椭圆形。生长于池塘、稻田、水沟、静水小河等水面，是雏鹅最喜爱吃的水草，采集时用网兜或竹篮捞取。

（5）荇菜茎细长，长度随水深而定。叶片呈心状椭圆形，长可达15厘米，宽可达12厘米，顶端圆形。池塘、湖泊、小河内均有生长。用两根竹竿边卷边捞。

其他易采集的野生水草还有水鳖（马蹄草）、水筛、柳叶藻、虾藻、大茨藻、狐藻等。如果是方便放牧的水源，还可以放牧鹅群，让鹅自由采食新鲜的水草。

54. 能否用青嫩的农作物喂鹅?

春夏季节，正是种植的农作物间苗、定株的时候，有些青嫩的农作物间苗后丢弃有点可惜，因此在确保无毒素、未被农药污染的间苗可以用来喂鹅。

如萝卜苗无论是点播还是行播一般种植过程中需要间苗2～3次，间下的萝卜苗叶片鲜嫩多汁，适口性很好，可直接喂鹅。小

卷心菜、小麦苗、谷子苗、生菜、油菜等青嫩农作物都可以喂鹅。

需要注意的是，有些农作物嫩苗不能或不宜用于喂鹅。例如，高粱和玉米幼苗、南瓜藤、三叶草等体内含有一种叫氰苷的物质，被鹅采食后会产生剧毒物质氢氰酸，致鹅中毒，会出现流涎、心跳加剧、腹胀腹痛等症状，重者死亡。尤其是再生的嫩高粱苗、玉米苗、南瓜藤毒性较大，严禁饲喂。青菜、莞菜、小白菜、天星苋等都含有较多的亚硝酸盐，鹅食用过量会中毒，这类菜适宜限量新鲜生喂（不宜超过饲料总量的10%）。甜菜茎叶中含有大量草酸钾和少量硝酸钾，这两种物质可使氧化血红素成为变性血红素，造成组织缺氧。鹅吃了大量煮过或长久堆放的甜菜茎叶后，20分钟左右即可发病，临床症状为流涎、发冷、嘴鼻发紫、呼吸困难、痉挛等，常在数十分钟死亡。因此鹅只能喂给适量甜菜及茎叶（不超过饲料总量的10%）。收割回的甜菜茎叶不可大堆放置，需摊开晾晒，以防霉烂变质。马铃薯的嫩绿茎叶、花和表皮中，尤其马铃薯胚芽中龙葵苷素较多，且其茎叶还含有硝酸盐，鹅采食后就更易发生中毒。因此，发芽、霉烂的马铃薯及马铃薯茎叶不能用作饲料，否则会造成严重后果。如果发生鹅群青饲料中毒，应立即请兽医对症治疗，以减少死亡。

55. 农作物秧蔓能否用于养鹅?

秋季南瓜、红薯、花生采收后，留下大量的南瓜藤、红薯秧、花生蔓，秧蔓中含有丰富的营养物质，粗蛋白含量高（匍匐生长的花生秧茎中含有12.9%的粗蛋白、2%的粗脂肪、46.8%的碳水化合物，其中花生叶的粗蛋白含量高达20%），维生素、矿物质含量丰富，可以作为鹅的优质青绿饲料。青绿的南瓜藤、红薯秧、花生蔓采集后适当切碎或铡短，直接投喂或拌料。一时用不完可摊晾、晒干后粉碎成粉，冬春季作为鹅的青粗料添加。也可与玉米秸、豆秸混合粉碎青贮，冬春季节使用。用南瓜藤、红薯秧、花生蔓喂鹅是农村开辟饲料资源、发展节粮型养鹅业的重要途径。收获时注意避开雨天，更不要在秧蔓还没干的时候堆放，避免发热、发黄或是发霉变质。

56. 冬季和早春能否用蔬菜喂鹅?

冬季和春季正是青绿饲料匮乏的季节，牧草此期生长迟缓，野草枯萎。因此，如果条件允许，可以用人食用的蔬菜喂鹅，如大白菜、红萝卜、白萝卜、卷心菜、甘薯等，不但可以调节或改善鹅饲料的适口性，还能够补充维生素和矿物质。

使用蔬菜喂鹅需要注意的事项有：

① 蔬菜需合理存放，防止发霉或腐烂。如大白菜、卷心菜适宜分层堆放，并定期倒垛，摘掉外层发霉或腐烂的叶片。红萝卜、白萝卜适宜用土坑存放，每层萝卜都用一层较湿润的土覆盖，现用现取。

② 蔬菜要经过粗加工后喂鹅，既节约蔬菜又方便鹅采食。如切碎后直接投喂或拌料，切忌整棵（整根）扔入鹅圈任鹅采食。因为这样虽然省时省力，可是很不容易被鹅完全利用，蔬菜在圈里时间长容易污染，鹅采食后影响健康。

③ 对于种用鹅群，蔬菜如果上冻结冰，则不能直接剁碎喂鹅，最好提前拿到室内化冻后再喂，以免影响产蛋。

④ 冬季和早春一般都是鹅繁殖的季节，用蔬菜喂鹅要控制用量，单纯用蔬菜是不能满足鹅的营养需要的，要按比例补充精饲料，蔬菜与精饲料的比例可控制在 3∶1 左右。

57. 使用青绿饲料应注意哪些问题?

(1) 青绿饲料要现采现喂，不可长时间堆放，以防堆积过久产生亚硝酸盐，鹅食后易发生亚硝酸盐中毒。

(2) 青绿饲料采回后，要用清水洗净泥沙，切短饲喂。如果鹅长期吃含泥沙的青绿饲料，可引发胃肠炎。

(3) 不要去刚喷过农药的菜地、草地采食青菜或牧草，以防农

药中毒。一般喷过农药后需经15天后方可采集。

（4）含草酸多的菜不可多喂。如菠菜、甜菜等。因草酸和日粮中添加的钙结合后形成不溶于水的草酸钙，不能被鹅消化吸收，长时间大量饲喂青饲料，可引起鹅患佝偻病或瘫痪，母鹅产薄壳蛋或软蛋。

（5）某些含皂素多的豆科牧草喂量不可过多，因为皂素过多能抑制雏鹅生长。有些苜蓿品种中皂素含量高，因此，不能以青苜蓿作为唯一的青绿饲料。

（6）饲喂青绿饲料要多样化，这样不但可增加适口性，提高鹅的采食量，而且能提供丰富的植物蛋白和多种维生素。

58. 鹅不同时期青饲料添加比例是什么？

（1）3～10日龄用淘洗干净并泡透的碎米和洗净切碎的菜叶、嫩草、水草、浮萍等青绿饲料混在一起饲喂，精饲料和青绿饲料的比例为（8～10）∶1。

（2）11～20日龄以喂青绿饲料为主，精饲料与青绿饲料的比例为1∶(4～8)。随着日龄的增长，雏鹅可放牧吃草。

（3）21～30日龄增加青绿饲料的比例，精饲料与青绿饲料的比例为1∶(9～12)。放牧饲养的，可逐渐延长放牧时间。

（4）4周～2月龄能大量利用青绿饲料，以喂青绿饲料或进行放牧饲养为最适合，也是最经济的饲养方法。

（5）2月龄以上育肥鹅增加精饲料催肥。饲料的配合比例：玉米和大麦60%、糠麸30%、豆饼8%、食盐和沙粒各1%，另加青草、碎小麦、煮熟的马铃薯和其他饲料混合饲喂。饲料中加入2%～3%骨粉或贝壳粉，有助于鹅骨骼生长，防止软腿病发生。每天喂4次，最后一次在晚上9～10点喂，并供给足够的饮水。育肥前期，精饲料与青绿饲料的比例为1∶1；育肥后期，精饲料与青绿饲料的比例为1∶4。活鹅重达3～3.5千克时即可上市。

59. 青贮饲料养鹅有何好处，利用方法有哪些?

(1) 青贮饲料养鹅的好处 青贮饲料保存了青饲料的营养成分，对鹅群的健康有利，一般青绿植物在成熟晒干后，营养价值降低30%～50%，但青贮后仅降低3%～10%，青贮能有效保存青绿植物中的蛋白质和维生素（胡萝卜素）；青贮饲料适口性好，消化率高，青贮饲料能保持原料青绿时的鲜嫩枝叶，且具有芳香的酸味，适口性好，经过一段时间的适应以后，鹅喜欢采食；青贮饲料能在任何季节为鹅群利用，尤其是在青粗料缺乏的冬季、早春季节，仍能使鹅群保持高水平的营养状况和生产水平。

(2) 利用方法

① 合理搭配青贮饲料 应与精饲料结合使用，以提高饲料利用率。为防止鹅采食后因体内酸碱不平衡而引起中毒，对酸性过大的饲料，可加入适量的小苏打（9%～10%小苏打水，按青贮料重量的10%～20%加入，充分搅拌）再饲喂。

② 分层取料 取用青贮饲料时，要从窖的一端开始，按一定的厚度，从表面一层层地往下取，使青贮饲料始终保持一个平面，不能由一处挖洞掏取，并要避免泥土、杂物混入。

③ 用量适当 要随吃随取，青贮料的取用量，应以一天饲喂量为宜，切不可一次取出太多，造成饲料的浪费。一般雏鹅青贮饲料的使用量不超过饲料总量的30%，青年鹅和种鹅青贮饲料的使用量可占饲料总量的40%～50%。

④ 逐渐过渡 初喂青贮料，刚开始可能有些鹅不习惯采食，应逐渐过渡，由少到多逐渐增加用量。

⑤ 禁喂霉烂冰冻青贮饲料 发现青贮饲料霉烂应及时清除，绝对不能再喂鹅。青贮窖在每次取料后，及时密封窖口，以防青贮饲料长期暴露在空气中造成变质。此外，由于青贮料本身有一定轻泻性，因此，如果青贮料结冰，就必须等冰化后再喂或干脆弃掉，以免造成鹅群胃肠功能的紊乱。

60. 如何评价青贮饲料的质量?

青贮饲料品质鉴定方法大体分为两种，即感官鉴定法与实验室鉴定法。

(1) 感官鉴定法 感官鉴定法是通过嗅气味、看颜色、看茎叶结构和质地来判断品质好坏，适于现场快速鉴定。

① 气味 品质优良的青贮饲料，具有较浓的芳香酸味，气味柔和，不刺鼻，给人以舒适感；品质中等的，芳香味较弱，稍有酒味或醋味。如果带有刺鼻臭味或霉烂味，手抓后，较长时间仍有难闻的气味留在手上，不易用水洗掉，那么该青贮料已变质，不能饲用。

② 颜色 青贮饲料的颜色因原料不同而有差异，一般是越接近原料颜色，品质越好。品质良好的呈青绿色或黄绿色；品质中等的呈黄褐色或暗绿色，品质低劣的多呈褐色或黑色，与青贮原料颜色有显著差异，不宜喂鹅。

③ 手感 优良的青贮饲料，在青贮设备内压得紧密，但拿在手上却较松散，质地柔软而略带湿润，植物的茎叶和花瓣仍保持原来状态，甚至可清楚地看出茎叶上的叶脉和绒毛。品质低劣的青贮饲料，茎叶结构不能保持原状，多黏结成团，手感黏滑或干燥粗硬。品质中等的介于上述两者之间。

(2) 实验室鉴定法 通过在实验室测定青贮饲料的酸度及铵态氮等来鉴定。测定酸度最简单的办法是用 pH 试纸直接蘸青贮饲料的浸液，或将浸液滴在白瓷板上用指示剂显色，再按所显颜色大致判定其 pH 值。一般标准为：优良青贮饲料的 pH 值为 3.8～4.2；中等的 pH 值为 4.6～5.2；低劣的 pH 值为 5.4～6.0，甚至更高。但是 pH 值不是青贮饲料品质鉴定的标准指标，因为梭菌发酵也会降低 pH 值，要综合其他指标才能做出准确判定。含酸量的测定是分析青贮饲料中乳酸、醋酸和酪酸的含量。优良的青贮饲料中游离酸约占 2%，其中乳酸占 1/3～1/2，醋酸占 1/3，不含酪酸。品质低劣的含有酪酸，具恶臭味。

61. 哪些农作物秸秆可以用于养鹅？ 利用方法如何？

（1）秸秆种类 所谓秸秆主要是指禾本科作物的秸秆和豆科作物秸秆，禾本科作物秸秆主要有玉米秸、粟秸、稻草等；豆科作物秸秆有黄豆秸、蚕豆秸等。秸秆的营养特点是粗纤维含量高，占干物质的30%～40%，木质素、半纤维素、硅胶盐含量高，而且纤维素、半纤维素和木质素结合紧密，质地粗硬，适口性差，消化率低。一般每千克秸秆饲料的消化能在7.78～10.4兆焦之间，粗蛋白含量低，豆科秸秆为8.9%～9.6%、禾本科为4.2%～6.3%。粗脂肪含量较少为1.3%～1.8%。各种秸秆可单独使用或搭配使用，优先选用秸秆的顺序是玉米秸、红薯秧、花生秧、荞麦秧等，豆秸可按5%～15%的比例添加到上述秸秆中。

（2）利用方法 秸秆经过生物发酵剂（主要成分是芽孢杆菌、乳酸菌、酵母菌、纤维素酶等微生物活性物质）处理后，将秸秆中难于消化的纤维素等高分子物质分解为消化率高的小分子，并增加菌体蛋白、氨基酸等成分，提高营养价值。经过发酵后的饲料添加在未发酵的全价饲料中混合均匀直接喂鹅。鹅一般需要经过3～5天驯食后，多数都很喜食，使用时注意饲料的逐渐过渡。饲喂商品鹅量要由少至多，喂1月龄大的商品鹅，逐渐增加至占日粮比例的50%，肉鹅8周龄时，发酵秸秆饲料的最佳比例为25%，10周龄以后发酵秸秆饲料的比例为40%。种鹅在产蛋期可用50%的发酵秸秆料另加50%的精饲料。

注意事项：秸秆在发酵和使用期间要避免频繁开盖，开盖后应立即重新封好，以防发生霉变。一旦出现霉变现象或有异味产生，应停止使用。每次发酵数量不超过5天用量。如果一次发酵饲料数量较多，超过5天用量部分必须晒干保存。如果要销售发酵饲料，可以晒干后再销售。

62. 如何鉴定农作物秸秆发酵饲料的质量？

（1）颜色品质良好的秸秆发酵饲料，其颜色基本接近原料发酵前的颜色；中等质量发酵饲料颜色呈褐色、暗绿色；品质低劣的发酵饲料呈黑色、暗色、墨绿色。

(2) 气味品质良好的发酵饲料具有明显的酸香味、酵香味、果香味，给人以非常舒服的感觉；品质中等的发酵饲料其酸香味不明显，具有特别强烈的醋酸味；品质低劣的发酵饲料具有强烈的腐臭味。

(3) 手感品质良好的发酵饲料压得很实，但拿在手里却很松散，质地柔软而湿润；品质不好的发酵饲料黏成一团，像烂泥一样，或者质地松散而干燥、粗硬，物理性状改变很少。

63. 鹅健康养殖如何准备饲料使用记录?

对饲料采购与使用要加强管理，每次饲料采购入库时都要有仓库管理人员在场，记录饲料的入库时间、种类、数量、厂家；饲养员需要从仓库中领取饲料时也要登记时间、种类、数量、使用鹅舍号、饲养员签字。这样有利于了解饲料的走向、及时定制饲料的数量及种类，保证生产的正常运行。具体记录可参见表3-6、表3-7。

表 3-6 饲料入库记录表

入库日期	厂家	饲料名称(种类)	数量/吨	送料人签字	保管员签字	备注

表 3-7 饲料出库记录表

领用日期	品种	饲料名称	禽舍号	数量/袋	领用人签字	保管员签字	备注

四、鹅繁育技术

（一）配种

64. 鹅的配种方法有哪些?

种鹅的配种方法分为自然交配和人工授精两种。自然交配情况下，鹅在产蛋期平均受精率为75%～80%，可保证鹅正常的生物学习性；而采用人工授精技术可使种鹅的受精率达到90%以上，但对公鹅的筛选较为严格。

(1) 自然交配

① 大群配种　一定数量的种公鹅按比例配以一定数量的种母鹅，让每只公鹅均可和群中的每只母鹅自由组合交配。种鹅群的大小视鹅舍容量或当地放牧群的大小，从几百只到上千只不等。大群配种一般受精率较高，尤其是放牧的鹅群受精率更高。这种配种方法多用于农村种鹅群或鹅的繁殖场。

② 小间配种　这是育种场常用的配种方法。在一个小间内只放一只公鹅，按不同品种最适的配种比例放入适量的母鹅。公母鹅均编脚号或肩号。设有闭巢箱集蛋，其目的在于收集有系谱记录的种蛋。在鹅育种中，采用小间配种，主要用于建立父系家系。

(2) 人工授精技术　鹅的人工授精技术日益受到重视，特别是在提高鹅的受精率方面起到了积极的作用。

65. 鹅适宜的配种年龄和公母配比是多少?

(1) 配种年龄　鹅配种年龄过早，不仅对其本身的生长发育有不良影响，而且受精率低。通常早熟品种的公鹅不早于150日龄为宜；晚熟品种的公鹅不晚于240～270日龄为宜。

（2）配种比例 鹅的配种性比随品种类型不同而差异较大，公母鹅比例一般是：小型鹅1∶(6～7)，中型鹅1∶(4～5)，大型鹅1∶(3～4)。配种比例除了因品种类型而异之外，尚受以下因素影响：

① 季节 早春和深秋气候相对寒冷，性活动受影响，公鹅应提高2%左右（按母鹅数计）。

② 饲养管理条件 在良好的饲养条件下，特别是放牧鹅群能获得丰富的动物饲料时，公鹅的数量可以适当减少。

③ 公母鹅合群时间的长短 在繁殖季节到来之前，适当提早合群对提高受精率极为有利。合群初期公鹅的比例可稍高些。大群配种时，部分公鹅因较长时期不分散于母鹅群中配种，需经十多天才合群。因此，在大群配种时将公鹅及早放入母鹅群中十分必要。

④ 种鹅的年龄 1岁的种鹅性欲旺盛，公鹅数量可适当减少。实践表明，公鹅过多常常造成鹅群受精率降低。

此外，在鹅配种方面，还要注意克服公母鹅固定配偶交配的习惯。据观察，有的鹅群中有40%的母鹅和22%的公鹅是单配偶。克服这种固定配偶交配的办法是先将公鹅偏爱的母鹅挑出，拆散其单配偶，公鹅经过几天后就会逐渐和其他母鹅交配，也可采用控制配种，每天让一公鹅与一母鹅轮流单配。

66. 鹅能利用多少年？如何调整鹅群结构？

鹅是长寿家禽。种母鹅的繁殖年龄比其他家禽长。第一个产蛋年母鹅产蛋量低，第二年的母鹅比第一年的多产蛋15%～25%，第三年的比第一年的多产蛋30%～45%，4～6岁以后逐渐下降。所以鹅的利用年限一般为3～5年。一般种鹅群的组成比例为：1岁母鹅占30%，2岁母鹅占25%，3岁母鹅占20%，4岁母鹅占

15%，5岁母鹅占10%。

种公鹅利用年限一般为2～3年。

（二）杂交方式

67. 什么是经济杂交？ 经济杂交有哪些种类？

经济杂交即为两个或两个品种（品系）的鹅进行交配。经济杂交可以产生杂种优势，即不同种群杂交所产生的杂种往往在生活力、生长势和生产性能方面于一定程度上优于两个亲本的种群平均值。经济杂交可分为：

（1）简单经济杂交 又称二元杂交，是用两个品种或品系进行杂交，其后代不论公母都作商品上市出售。这种杂交方式最简单，用于杂交的亲本群必须是比较纯合优良的群体。

（2）复杂经济杂交 用3个或3个以上的品种或品系进行杂交称复杂经济杂交。它们是在简单经济杂交的基础上，其杂交一代（F_1代）作商品出售时，尚存在某些缺点，或在生产过程中发现了某些问题或不足，或F_1代的某些特点有待发挥和利用，若再引入第三个品种的某些优点，则可改进上述的缺点，这时可用F_1代再与第三个品种（品系）交配就称三元杂交。

在生产中，为了达到某种经济目的，还常用4个品种或品系进行组合式的配套杂交，以便获得更具经济价值的杂交后代，称四元杂交或四系配套。

68. 怎样进行杂交繁育？

杂交繁育的方式主要有：

（1）单杂交 又称二元杂交，就是用2个品种杂交，产生的一代杂种不论公母全部供经济利用。

（2）三元杂交 就是先用2个品种杂交产生的杂种后代，公的作经济利用，母的再与第3个品种杂交，产生的三品种杂种全部供经济利用。

(3) 双杂交 用4个品种分别两两杂交，然后再在2种杂种间进行杂交，产生的后代全部供经济利用。

以上杂交方式，也可采用同品种内不同品系间的杂交，一般用于商品禽生产。

69. 怎样有效防止优良鹅种的退化?

(1) 加强选种选配工作 选种就是从鹅群中选择符合人们要求的优秀个体留作种用，同时把不良个体淘汰。选配就是有计划地选择公母配对，使之产生优良的后代，不断提高品种质量，防止退化。

(2) 开展品系繁育 一般情况下，群中的优秀个体仅是少数的，采用品系繁育可以增强优秀个体对禽群的影响，使个体的优秀品质迅速扩散为群体所共有的特点，从而提高整个品种质量。

(3) 不断进行血缘更新 在一个场内，同一血缘的公禽连续使用几代后，就会使近交的不良效应不断积累，导致品种退化。通过轮换使用公禽或与其他禽场交换同品种、同类型、无血缘关系的公禽或母禽，使血缘不断更新，就可以减缓近交系数增加的速度，防止退化。

(4) 改善饲养管理条件 满足公母禽的要求，就可以使性状的遗传潜力充分发挥出来，减轻环境造成的不利影响，促进品种性能不断提高。

70. 举例说明选择杂交组合的父本和母本。

(1) 父本如莱茵鹅、皖西白鹅等。莱茵鹅个体大、生长快，但繁殖性能稍差，肌纤维相对粗糙，肉的产品风味不及我国地方鹅种。作为肉鹅生产，以莱茵鹅作父本，与我国中小型鹅种杂交，改良我国的地方鹅种，可以显著改善我国地方鹅种个体小、生长慢的不足。皖西白鹅羽绒质量好，属中型鹅种，但繁殖性能差，可以用皖西白鹅作父本与国内地方中、小型鹅种杂交，生产毛肉兼用商品鹅。

（2）母本如四川白鹅、豁眼鹅、籽鹅、太湖鹅等。四川白鹅是我国中型鹅种中产蛋量最多的鹅种。豁眼鹅、籽鹅是小型鹅种中产蛋最多的鹅种，其中豁眼鹅也是世界上产蛋最多的鹅种。我国现已育成的天府肉鹅、固始白鹅、扬州鹅、长白鹅等毛肉兼用品种，在育种过程中，均引入了这些鹅进行了杂交。

71. 肉用鹅的配套杂交实例。

肉鹅生产可推广的杂交组合有：莱茵公鹅×四川白鹅母鹅、莱茵公鹅×太湖母鹅、莱茵公鹅×豁眼鹅母鹅、皖西白鹅公鹅×四川白鹅母鹅、皖西白鹅公鹅×太湖鹅母鹅、浙东白鹅公鹅×四川白鹅母鹅，以及莱茵公鹅×川太、川豁二元杂母鹅，开展鹅的三元杂交。上述这类杂交组合的后代，在放牧加适当补料的情况下饲养，一般70日龄的活重可达3.5千克左右，而以莱茵鹅为父本与中型母鹅杂交的，70日龄商品鹅的活重可达4千克左右。

（三）人工授精

72. 鹅的繁殖特点有哪些?

（1）季节性强 母鹅从当年秋季（9～10月份）至次年春末（4～5月份）为产蛋繁殖期。

（2）择偶性 公母鹅有固定交配对象的习惯，这是导致鹅群受精率低的重要原因之一。

（3）就巢性 我国大多数鹅种都有很强的就巢性，在繁殖季节，一般母鹅每产一窝蛋（8～12个）就停产，并表现出就巢性。在我国只有四川白鹅、太湖鹅、豁眼鹅、籽鹅几乎没有就巢性，或一些个体表现出较弱的就巢性。

（4）性成熟晚 一般中小型鹅种从初生到性成熟要7个月左右，大型鹅种要8～10个月才达到性成熟。

73. 什么是鹅的人工授精技术？ 其优点有哪些？

鹅的人工授精是指利用人工把从健康公鹅采集的精液，经稀释或将原精利用器械直接注入到母鹅生殖道内，使母鹅所排出的卵子受精，以代替自然交配的一项技术。鹅的人工授精技术的优点主要包括以下内容。

（1）可免除因雌雄体形差异太大而引起配种的困难。

（2）可提高配种概率，使每只母鹅皆有受精的机会。

（3）公鹅喜于水中配种，在无水环境下实施人工授精可提高受精率。

（4）可以减少公鹅的数目，每只公鹅每次所采得的精液约可授精 15～25 只母鹅。

（5）鹅为季节性繁殖的家禽，在繁殖早期与末期受精率较低，可通过调整采精频率或授精次数提高受精率。

（6）可有效查知每只母鹅产蛋状况，及早淘汰产蛋数少或不产蛋鹅，以提高生产效率。

74. 人工授精需要哪些基本设备？

鹅的采精和输精常用的器具如图 4-1、图 4-2 所示，详细用具见表 4-1。

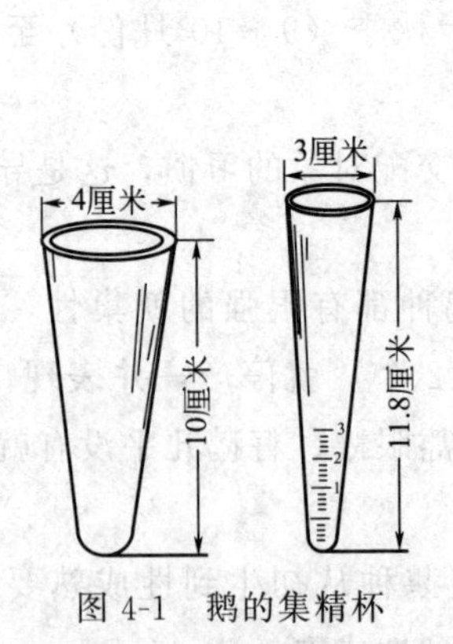

图 4-1　鹅的集精杯

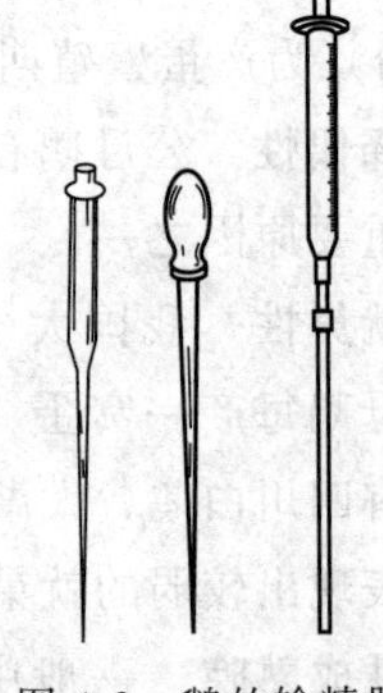
图 4-2　鹅的输精器

表 4-1　人工授精用具表

名　称	规　格	用　途	名　称	规　格	用　途
集精杯	5.8～6.5 毫升	收集精液	生理盐水	—	稀释
刻度吸管	0.05～0.5 毫升	输精	蒸馏水	—	稀释及冲洗器械
刻度吸管	5～10 毫升	贮存精液	温度计	100℃	测水温
保温瓶或杯	小、中型	保温精液	干燥箱	小、中型	烘干
消毒盒	大号	消毒采精、输精	冰　箱	小型低温	短期贮存精液
生物显微镜	400～1250 倍	检查精液品质	分析天平	感量 0.001 克	配稀释液、称药
载玻片、盖玻片、血球计数板	—	检查精液品质	药物天平	感量 0.01 克	配稀释液、称药
pH 试纸	—	检查精液品质	电　炉	0.4～1 千瓦	精液保温、供温水，煮沸消毒
注射器	20 毫升	吸取蒸馏水及稀释液	烧杯、毛巾、脸盆、试管刷、消毒液等	—	消毒、卫生
注射针头	12 号	备用	试管架、瓷盘	—	放置器具

75. 人工采精的具体操作程序。

(1) 供采精用的公鹅必须与母鹅分开饲养　公鹅需每天给予按摩使其适应，经 1～2 星期的采精训练，才能采得合格精液。采精时以 2～3 个人操作较适合，采精前需禁食 4～6 小时，以减少采精时粪尿的污染。

(2) 人工采精的方法　采精员左手掌心朝下，大拇指和其余四指分开，稍微弯曲成弧形，手掌心紧贴公鹅背部，从翅膀的基部向尾部方向，有节奏地来回缓慢按摩。同时，用右手有节奏地抚摸腹部后面的柔软处，并逐渐挤压泄殖腔。这样的动作经过四五次后，公鹅的阴茎就会勃起伸出并射精。此时，助手就可以用采精瓶接取精液。采精宜在早晨进行，因为公鹅经过一夜的休息，性反射良好。

76. 如何进行公鹅精液品质的检查?

(1) 外观检查　主要检查精液的颜色是否正常。正常无污染的精液呈乳白色，是不透明的液体。混入血液呈粉红色，被粪便污染呈黄褐色，有尿酸盐混入时，呈粉白色棉絮块状。过量的透明液混入，则见有水渍状。凡被污染的精液，精子会发生凝集或变形，不能用于人工授精。

（2）精液量检查 射精量随品种、年龄、季节、个体差异和采精操作熟练程度而有较大变化。公鹅平均射精量为 0.1～1.38 毫升。要选择射精量多、稳定正常的公鹅供用。

（3）精子活力检查 精子的活力是以测定直线前进运动的精子数为依据。所有精子都是直线前进的运动的评为 10 分；有几成精子是直线前进运动的就评几分。具体操作方法是：于采精后 20～30 分钟内，取同量精液及生理盐水各 1 滴，置于载玻片一端，混匀后放上盖玻片。精液不宜过多，以布满载玻片而又不溢出为宜。在镜检箱内温度 37℃左右的条件下，用 200～400 倍显微镜检查。精子呈直线运动，有受精能力；精子进行圆周运动或摆动的均无受精能力。活力高、密度大的精液，在显微镜下精子呈旋涡翻滚状态。

（4）精子密度检查 可分为血球计数法和精子密度估测法两种检查方法。一般血球计数法采用血细胞计数板在显微镜下观察计数，每毫升的精液中有多少亿个精子。精子密度估算法是在显微镜下观察，分为密、中等、稀三种情况（图 4-3）。“密”是指在整个视野里布满精子，精子间几乎无空隙。每毫升精液有 6 亿～10 亿个精子；“中等”是指在整个视野里精子间距明显，每毫升精液有 4 亿～6 亿个精子；“稀”是指在整个视野里，精子间有很大的空隙，每毫升精液有 3 亿个以下的精子。

77. 如何进行母鹅的人工输精?

鹅的泄殖腔较深，阴道部不像母鸡那样容易外翻进行输精。所以，常规输精以泄殖腔输精法最为简便易行。泄殖腔输精法是助手将母鹅仰卧固定，输精员用左手挤压泄殖腔下缘，迫使泄殖腔张

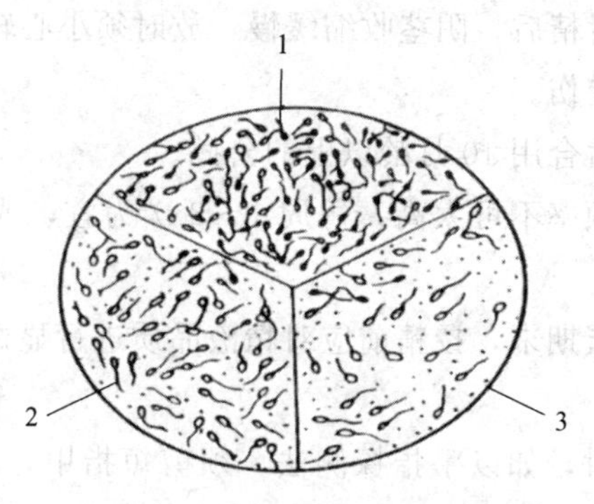

图 4-3 精子密度

1—密；2—中等；3—稀

开，再用右手将吸有精液的输精器从泄殖腔的左方徐徐插入，当感到推进无阻挡时，即输精器已准确进入阴道部，一般深入至 3～5 厘米时左手放松，右手即可将精液注入。实践证明效果良好。熟练的输精员可以单人操作。

一般认为，鹅的输精时间以每日上午 9:00～10:00 或下午 4:00～6:00 为好。由于鹅的受精持续期比较短，一般在受精后 6～7 天受精率即急速下降。因此，要获得高的受精率，以 5～6 天输精一次为宜。鹅的每一次输精量可用新鲜精液 0.05 毫升，每次输精量中至少应有 3000 万～4000 万个精子。第一次的输精量加大 1 倍可获得良好效果。

78. 在开展人工授精技术时需要注意哪些事项?

（1）采精以固定的操作人员较好，因为一旦习惯某操作人员的手势后，突然换人操作公鹅常不能适应，而不能采得合格的精液或采不到精液。

（2）采精应一气呵成，阴茎勃起后应迅速使其射精，不可中途间断，否则采不到精液。

（3）阴茎勃起后，手指按捏不可用力过猛，以免出血污染精液，如果有出血现象一周内应停止采精。

(4) 公鹅射精后，阴茎收缩缓慢，放时须小心轻放，以免阴茎未及时收回而受伤。

(5) 采精适合用 10 月龄以上的公鹅。

(6) 采精频率不可太高，每周 1～2 次为宜，或采用隔天一次采精的方法。

(7) 在产蛋期末，授精前应对精液品质进行显微镜检查，以防受精率降低。

(8) 授精时，如以手指探测法，须剪短指甲，以免阴道受伤。如精液注入器受粪便污染须用棉花擦净，以防母鹅生殖道受病菌感染。

(9) 精液稀释后应尽快使用完毕。

(10) 阴道翻出后应迅速授精，翻出太久易使微血管破裂，受污染而发炎。

(11) 母鹅有无产蛋可由耻骨缝（裆部）的宽度测知，如宽度小于两根手指则该鹅尚未开始产蛋，无法以阴道外翻法将阴道口翻出。

79. 影响种蛋受精率的因素有哪些?

(1) 种鹅的选择 种公鹅要求体大毛纯，颈、脚粗长，两眼有神，叫声洪亮，行动灵活，雄性特征明显；种母鹅要求外貌清秀，前躯深宽，臀部宽而丰满，肥瘦适中，颈细长，眼睛有神，两脚距离宽，尾毛短且上翘，全身被毛细而实。

(2) 控制好群体的大小 公母鹅比例以 1∶(5～6) 为宜，每群不超过 100 只。

(3) 种鹅应有水面运动场 一般每只种鹅应有 1～1.5 平方米的水面运动场，水的深度在 1 米左右。

(4) 选择好休息场地 午休时，应尽量让鹅群在靠近水边的树荫处活动，以创造更多的交配机会；晚上休息的场地应选择平坦的避风地面，每只种鹅应有 0.4～0.5 平方米的面积。

(5) 加强种鹅的饲养 产蛋前4周开始改用初产蛋鹅日粮，粗蛋白水平为15%～16%，当产蛋率达20%以上时，改为高峰期蛋鹅料，饲料粗蛋白控制在18%～19%为宜，在整个繁殖期间每天每只种鹅喂给高峰期蛋鹅料100～150克，并保证满足食盐和钙、磷的需要。每天饲喂2～4次，同时供应足够的青饲料及饮水。

(6) 掌握好配种高峰时间的管理 在一天中，早晨和傍晚是种鹅交配的最高潮。据测定，鹅的早晨交配次数占全天的39.8%，下午占37.4%，早晚合计达77.2%。健康种公鹅上午能配种3～5次。

（四）孵化

80. 什么是鹅种蛋的机器孵化法?

(1) 孵化前的准备 机器孵化是用电力供温，仪表测温，自动控温，机器翻蛋与通风，因此需有专用的发电设备或备用电源，防止发生临时停电事故，电压不稳定的地方应配置稳压器。在正式开机入孵前，要熟悉和掌握孵化机的性能，对孵化机进行运转检查、消毒和温度校对。根据设备条件、种蛋来源、雏鹅销售、饲养能力等具体情况制订孵化计划，尽量把费时的工作错开，如入孵、验蛋、出雏等不集中在同一天进行。

(2) 种蛋入孵 种蛋入孵分为分批入孵和整批入孵两种方式。分批入孵一般每隔3天、5天或7天入孵一批种蛋，同时出雏苗；整批入孵是一次把孵化机装满，大型孵化厂多采用整批入孵。机器孵化多为7天入蛋一批，机内温度保持恒温37.8℃（室温23.9～29.4℃），排气孔和进气孔全部打开，每2小时转蛋一次，各批次的蛋盘应交错放置，有利于各批蛋受热均匀。入孵时间最好是在下午4:00以后，这样可以赶上白天大批出雏，工作比较方便。一般在冬季和早春时种蛋的温度较低，最好在入孵前放到22～25℃的环境下进行预热，使蛋逐渐达到室温后再入孵，这样可防止因种蛋从贮蛋室（15℃左右）直接进入孵化机中而造成结露现象，降低孵化率。

(3) 照检 照蛋是利用蛋壳的透光性，通过阳光、灯光透视所孵的种蛋。目前，多采用手持照蛋器。照蛋时将照蛋器孔对准蛋的大头进行逐个点照，顺次将蛋盘种蛋照完为止。此外，还有装上光管和反光镜的照蛋框，将蛋盘置于其上，可一目了然地检查出无精蛋和死胚蛋。为了增加照蛋的清晰度，照蛋室需保持黑暗，最好在晚上进行。照蛋之前，如遇严寒天气应加热，将室温升至28～30℃，照蛋时要逐盘从孵化器取出。照蛋操作应敏捷准确，如操作过久会使蛋温下降，影响胚胎发育而推迟出雏。

(4) 落盘 种蛋在出雏前两天进行最后一次照检，将死胚蛋剔除后，把发育正常的蛋转入出雏机继续孵化，称之“落盘”。落盘时，如发现胚胎发育普遍迟缓，应推迟落盘时间。落盘后应注意提高出雏机内的温度和增大通风量。

(5) 出雏 在孵化条件掌握适宜的情况下，孵化期满即出壳。出雏期间不要经常打开机门，以免降低机内温度、湿度，影响出雏整齐度，一般每2小时拣雏一次即可。已出壳雏鹅应待绒毛干燥后分批取出，并将空壳拣出以利继续出雏。在出雏末期，对已啄壳但无力出雏的弱雏，可进行人工破壳助产。助产要在尿囊血管枯萎时方可施行，否则易引起大量出血，造成雏鹅死亡。雏鹅拣出后即可进行雌雄鉴别和免疫。出雏完毕后，出雏机、出雏盘和水盘应及时清洗、消毒，以供下次出雏时使用。

(6) 孵化记录 孵化过程中应做好孵化记录，一般需要记录入孵蛋数、无精蛋数、照检情况、出雏情况（健雏数、弱雏数、死雏数）等，以便于了解孵化是否正常，及时对一些不合理的地方进行调整，以达到最高、最好的出雏效果，提高利润。

81. 种蛋孵化前应该做好哪些准备工作?

根据设备数量条件、种蛋供应、出雏和雏鹅饲养销售能力等具体情况，制订孵化计划。

孵化室在使用前应先清扫、消毒。在进雏前要预热，检查电源。要对孵化器各部位进行检修，关键的零部件要有备用品，设定孵化器温、湿度，然后启动进行调试。严格校正门表温度，最后对孵化器进行消毒。此外，应做好停电时的应急措施。

82. 孵化场的工艺流程是什么?

收集种蛋⟶种蛋消毒⟶种蛋贮存⟶种蛋分级码盘⟶孵化⟶移盘⟶出雏⟶雏鹅分级、鉴别和预防接种⟶雏鹅存放⟶发放雏鹅。

83. 怎样选择合格的种蛋?

公、母鹅按一定比例混群后配种或人工授精后所产的受精蛋称为种蛋。

(1) 来源与受精率 种蛋应来自饲养管理正常、健康而高产的鹅群，切勿从疫区或不符合规格的鹅场引进种蛋，否则将导致生产性能不高或者带来疾病。受精率是影响孵化率的主要因素。母鹅过多，不能得到公鹅配种；公鹅过多，会产生争斗现象，这二者都会降低鹅群的产蛋率和受精率。在正常饲养管理条件下，若鹅群的公母比例适宜，则鹅种蛋的受精率较高，一般在90%以上。

(2) 新鲜度 种蛋新鲜程度是指种蛋产出后到入孵的贮存时间长短。实践证明，种蛋保存时间越短，其新鲜度越好，胚胎生活力越强，孵化率越高。

(3) 蛋重与蛋形 按照品种、品系的特点，选择大小适中的种蛋入孵。蛋形以椭圆形为宜，过长、过圆、腰鼓形、橄榄形等畸形蛋必须剔除，否则孵化率降低，甚至出现畸形雏。蛋重大小应符合品种要求，一般为该品种的平均水平或略高一点，都可作为正常标准。蛋重过小则孵化出来的雏鹅个体小，蛋重过大则孵化率低。

(4) 蛋壳厚度与颜色 种蛋应选择蛋壳结构致密均匀、厚薄适度。蛋壳粗糙或过薄，不但易破，水分蒸发快，孵化率低，即使能够孵化出雏苗，因缺钙，出壳后雏鹅软弱易死亡。蛋壳过厚的钢壳蛋出雏时雏鹅不易破壳而闷死。蛋壳颜色代表品种特征，一般为白色、玉白色和青色三种，要选择本品种的标准颜色。

(5) 清洁度 种蛋蛋壳要保持清洁，如有粪便、污泥、饲料等脏物，容易被细菌入侵，引起种蛋腐败变质或携带病原微生物而影响胚胎的发育，同时堵塞气孔，影响气体交换，使胚胎得不到应有的氧气和排不出二氧化碳，造成死胎，降低孵化率。防止种蛋污染，在种蛋收集时应注意两个问题：一是在室内铺足干净的垫料（如稻壳、稻草等）；二是种蛋的收集时间应在上午 6:00～7:00，下午 15:00～17:00 再次进行。轻度污染的种蛋可用砂纸或干布擦抹洁净并进行消毒后抹干即可作为种蛋入孵。

(6) 照蛋 肉眼选蛋只是观察到蛋的形状大小、蛋壳颜色，最好抽选种蛋进行照蛋剔除。通过照蛋可以看见蛋壳结构、蛋的内容物和气室大小等情况，对那些气室大的陈蛋、气室不正常蛋（腰室的尖室蛋）、血块异物蛋、双黄蛋、散黄蛋等都要剔除。

84. 如何进行种蛋的保存?

(1) 保存环境 保存种蛋首先应有良好的保存环境，蛋库是不可缺少的部分。蛋库包含了两个房间，一间作收蛋、清点、分级码盘和消毒用；另一间作保存种蛋用，该间要求隔温性能好，无窗密闭式，但要有通风控温设施，应做到无灰尘、无苍蝇和老鼠等。种蛋保存的适宜温度为 12～15℃。高温对种蛋影响极大，当保存温度超过 23.9℃时，胚胎开始缓慢发育，温度低于 0℃时，胚胎会因受冻而丧失孵化能力。蛋库湿度以 70％～80％较适宜，湿度过高引起种蛋发霉变质；湿度过低蛋内水分蒸发快，使孵化率降低。

(2) 保存时间和方法 种蛋保存时间越短越好，一般不超过 1 周。保存方法是：保存期在 3 天以内时，可以蛋的大头朝上放置，超过 3 天的种蛋，应一律小头朝上放置，使蛋黄位于蛋的中心，防

止胚胎粘连而使孵化率降低。也可以每天翻蛋1次，防止胎盘粘连。

85. 怎样给种蛋进行消毒?

给种蛋消毒的方法有水洗法（新洁尔灭消毒法、氯消毒法、碘消毒法），一般采用甲醛熏蒸消毒法。具体做法为：每立方米用15克高锰酸钾、30毫升甲醛（40%）溶液在20～24℃温度和75%～80%的相对湿度条件下，在密闭的条件下熏蒸20～30分钟，可杀死蛋表面95%～98.5%的病原体；以同样的浓度在入孵器里进行第二次消毒。用甲醛熏蒸消毒时，应注意下列几点。

（1）种蛋在孵化器里熏蒸消毒时，应避开1～4天胚龄的胚蛋。因为上述药物对1～4天胚龄的胚胎有不利影响。

（2）福尔马林（40%）与高锰酸钾的化学反应剧烈，采用陶瓷或玻璃容器，应先加少量温水，加高锰酸钾后，再加入福尔马林。

（3）种蛋送至孵化厂消毒室后，如蛋壳上凝有水珠，熏蒸时对胚胎不利。解决方法是提高温度，等到水珠蒸发后，再进行消毒。

86. 运输种蛋时应注意哪些问题?

（1）运输前的准备工作 在种蛋起运前应进行包装，最好采用硬塑料薄膜压膜包装蛋托，装在塑料制的蛋箱内。装蛋时，蛋竖放且钝端朝下，每箱装满，以防破损。如果没有蛋托，可采用木箱装蛋，先在木箱底铺上稻壳、碎草等垫料，然后每摆一层蛋铺一层碎草，直至装满，蛋与箱边、蛋与蛋之间的空隙应充满垫料，最上面盖一层软草，压实，钉上盖，打包，即可运输。

（2）运输工具 运输种蛋的工具要求快速、平稳、安全，防日晒雨淋，严防震荡。最好用专车。

（3）运输过程中的注意事项 运输过程中不可剧烈颠簸，以免强烈震动时引起蛋壳或蛋黄膜破裂，损坏种蛋。运输种蛋适宜温度为15～18℃，装卸时要轻拿轻放。经过长途运输的种蛋，到达目的地后，要及时开箱，取出种蛋，剔除破蛋，装盘，静置48小时后入孵，千万不可贮存。

87. 怎样掌握孵化温度？ 什么叫“看胎施温”？

所谓“看胎施温”，就是在人工孵化过程中，使用灯光照蛋，检查胚胎发育是否符合相应胚龄的特征（主要是几个关键日龄，即头照、二照和三照），其目的在于判断孵化条件是否合适，以便发现问题，查明原因，及时采取措施。另外，还可将无精蛋、死胚蛋等及时挑出以免影响孵化率。孵化温度具体参照表 4-2。

表 4-2　孵化温度变化表

室温/℃ \ 日龄	1～9 天	10～18 天	19～27 天	28～32 天
18～20	38.0	37.8	37.6	37.3
22～26	37.8	37.7	37.5	37.2
28～32	37.6	37.3	37.0	36.5

88. 高温或低温对孵化会产生什么样的影响？

当孵化温度偏离最佳温度范围时，将导致孵化率下降和畸形鹅雏数量增多。孵化温度偏高可导致胚胎后期死亡率增加，孵化温度过低则引起胚胎发育缓慢，出雏晚且不均匀及破壳未出的比例增加，所以平时必须按一定的程序检查并记录孵化的温度和湿度，结合胚胎发育情况，适当调整。应使用准确的温度计对孵化器和出雏器的温度作定期检查。

89. 孵化过程中为什么要翻蛋？ 怎样翻蛋？

翻蛋的目的在于变换胚胎的位置，使胚胎受热均匀，防止胚胎与壳膜粘连，促进胚胎活动，提高胚胎生命力。通过翻蛋还可以增加卵黄囊血管、尿囊血管与蛋黄、蛋白的接触面积，有助于胚胎营养的吸收。切记人工孵蛋时要单层平放，勿直立摆放。

翻蛋次数与温差有关，当机内温差在 0.28℃之间时，每昼夜翻蛋 4～6 次即可；如果温差在 0.55℃时，翻蛋次数要增加到每 2 小时一次，如有自动翻蛋装置的孵化机每 1～2 小时翻蛋一次为好。翻蛋角度要大，前俯后仰一般不小于 90°。如果用火炕、平箱、电褥子等孵化方法，翻蛋也是根据蛋温确定，一般 4 小时翻蛋一次，如入孵 1～2 天内、蛋温偏高，可每 2 小时翻蛋一次。

90. 孵化中凉蛋有什么作用？ 怎样凉蛋？

因为鹅蛋较大，蛋壳较厚，散热能力低，加上鹅蛋脂肪含量高，孵化到中后期，产生较多的生理代谢热，所以，鹅蛋孵化到中后期必须凉蛋，一是让胚蛋排出过剩的体热；二是高低温差骤变使蛋壳龟裂，易于出壳；三是让胚胎呼吸更多的新鲜空气；四是锻炼胚胎的适应性。

凉蛋应根据胚胎发育情况、孵化天数、室温及孵化机的性能等情况具体掌握。通常情况下从第 10～12 天开始凉蛋，每日 1～2 次；16～17 日胚龄每日增加到 3～4 次；26 天以后每日增加到 5～6 次。根据室温情况，每次凉蛋 20～30 分钟，凉至眼皮感觉温热不凉的程度，到孵化后期，胚胎温度不易降低时，还要向蛋表面喷水、降温、加湿（水温 25℃为宜）。

91. 为什么要在孵化过程中进行通风换气？

通风换气就是要不断地供给新鲜空气。胚胎发育需要氧气，尤其是胚胎发育后期，胚胎生长增快，呼吸量增加，需要的氧气增多。实践证明，由于新陈代谢加强，排出的二氧化碳越来越多，室内二氧化碳含量超过 0.5%时，会出现胚胎发育迟缓、死亡率增高以及胎位不正和畸形等现象，所以室内既要注意保温，又要注意通风。人工孵化可适当开门，机器孵化需用排风扇来换气。

92. 湿度与孵化率有无关系？标准湿度应为多少？

除温度外，湿度也是影响孵化率的关键因素。按孵化期前中后进行区分，相对湿度呈现高低高趋势，前期相对湿度高，主要是尿囊和羊水形成阶段，湿度在65％～70％，中期相对湿度偏低，孵化湿度在55％～65％之间，后期为了加强啄壳，相对湿度要增加到65％～75％。

93. 影响鹅种蛋孵化率的因素有哪些?

影响孵化效果的因素有许多，除了孵化条件外，还有如下因素。

(1) 种鹅年龄 母鹅刚开产时所产种蛋的孵化率低，孵出的雏鹅也弱小。母鹅在第2～4产蛋年所产种蛋的孵化率最高，而后随日龄的增长种蛋孵化率逐渐下降。

(2) 母鹅产蛋率 产蛋率与孵化率呈正相关，鹅群产蛋率高时，种蛋孵化率也高，影响产蛋率的原因也影响种蛋孵化率。

(3) 种鹅健康状况 种鹅感染疾病影响种蛋孵化率。某些疾病还可由种蛋通过垂直传播传染给后代。

(4) 种鹅的管理 种鹅舍的温度、通风、垫料的清洁程度都与种蛋孵化率有关。通风是减少鹅舍内微生物的有效措施。若蛋被污染，会影响种蛋孵化率。

(5) 外界气温 夏季高温时种鹅活力低，种蛋保存条件差，种鹅采食量下降，营养不良，蛋白稀薄，孵化率降低。

(6) 蛋的形态结构 蛋重、蛋形、蛋壳结构等均与孵化率有关。种蛋过重，孵化前期的感温和孵化后期的胚胎散热不良，孵化率低。蛋壳薄时不仅易碎，蛋内水分蒸发也过快，破坏正常的物质代谢，孵化率也低。

(7) 种蛋的摆放位置与孵化率有密切关系 种蛋若垂直放置会导致胚胎发育缓慢，尿囊合拢不全，不利于胚胎的营养吸收，还可能引起孵化中后期死胚率增加。如果种蛋水平放置于蛋盘，可增大翻蛋角度，促进胚胎活动，有利于尿囊的合拢，提高健雏率和孵化率。

(8) 胎位不正 在孵化后期，胚胎在蛋内的正常位置是头部朝

向蛋的大端，头在右翅下，两脚屈曲，紧贴腹部。胎位不正的表现有：

① 头向蛋的大端，但头在左翅下或两脚之间，或脚超过头部。

② 头在蛋的小端，头在左翅下或两脚之间，或头不在翅下。胎位不正的胚胎有的可以孵出，有的则死于壳内。正常情况下，胎位不正的数量占1%～3%，在进行孵化效果检查分析时，应注意剖检死胎蛋，确定胎位不正的比率及查找发生的原因。

(9) 胚胎畸形 如歪嘴、曲颈、跛脚等的畸形胚胎易死亡或出壳困难，均影响孵化效果。从母鹅的营养、孵化条件、种蛋消毒等环节进行检查分析。

94. 提高孵化率的关键措施有哪些?

(1) 加强种鹅的饲养管理 种鹅在进入产蛋期前1个月，必须提高饲料营养水平，为产下合格种蛋做准备。在饲料中增加豆粕、花生粕的用量，提高蛋白质水平。同时添加多种维生素、微量元素，平衡饲料营养。

(2) 利用照检进行看胎施温 参见对种蛋的胚胎发育监测方法。

(3) 控制好雏鹅出雏时间 如果温度控制合适，则雏鹅出壳时间正常，啄壳整齐，死胚蛋的比例在10%左右，即属于正常情况。

(4) 人工助产 参见怎样进行人工助产?

(5) 后期清理 首先将死雏拣出来，然后再拣死胚蛋，否则它们吸收附近胚胎的热量，影响胚胎的继续发育和破壳。

(6) 做好各项孵化记录 即记录好孵化进程安排表、孵化条件记录表和孵化成绩统计表。

(7) 严格执行生物安全制度 孵化生产有其特殊的连续性，严格执行生物安全制度是提高孵化率的必要措施之一。

(8) 孵化技术管理 按本地气候环境和实际条件制定合理的孵化管理制度。

95. 如何对种蛋的胚胎发育进行监测?

(1) 头照 头照在孵化第7天进行。发育正常的胚胎上浮而隐约可见，胚胎血管网鲜红，扩散面较宽，而且极度弯曲，能明显地看到黑色的眼点，即“起珠”。头照要求70%以上的胚蛋符合发育标准，少数蛋发育稍快或稍慢，但快慢差异不能过大。若头照时胚胎发育正常，但弱精蛋、死胚蛋多，死胚蛋中散黄的多，说明与孵化无关，是由于种蛋保存期过长或保存方法不当及运输问题引起的。如果胚胎发育正常，只是无精蛋、死胚蛋多，可能是种鹅公、母比例不当或营养不良引起的。如彩图4-4所示。

(2) 二照 在胚蛋孵化至第15～16天进行。对胚蛋锐端进行透视，发育正常的胚胎气室增大，边界明显，胚体增加，尿囊的血管明显；从蛋的背面可见到尿囊向蛋的锐端“合拢”，并包围蛋的内容物。透视时锐端能看到血管分布。发育落后的胚胎尿囊尚未合拢，透视时蛋的锐端透明泛白；死胚蛋的气室显著增大，边界相当模糊，蛋内半透明，无血管分布，中央有死胚团块，颜色较亮，呈黑团块状，随转蛋而浮动，无蛋温感觉。二照的正常情况是绝大部分蛋的尿囊血管已合拢（占70%以上），快慢程度差异不大，死胚蛋的比例不超过1%～3%。若不符合要求则说明此时温度不适合，应进行调整，同时注意相应地调节湿度和通气量。如彩图4-5所示。

(3) 三照 在第27～28天进行。三照时看胚胎发育是否有闪毛、影子晃动，以便调整孵化温度、湿度。如彩图4-6所示。

96. 如果温度、湿度等不符合胚胎发育标准，会出现什么问题?

(1) 温度异常

① 温度不足　胚胎发育迟缓，10～11日龄胚胎尿囊充血未“合拢”；19日龄胚胎气室边缘平齐，死胎心脏肥大，蛋黄吸入，但呈绿色，肠内充满蛋黄和粪；出雏晚而拖延，雏弱、脐环愈合不良，不活泼，脚站立不稳，腹大有时下痢。

② 前期温度过高　多数发育不好，有充血、溢血等现象，尿囊早期包围蛋白，胚胎异位，心、胃和肝变形，出雏提前，但出雏时间拖延。

③ 后期温度过高　啄壳较早，很多胚胎破壳后死亡，蛋黄未吸入，残留有浓蛋白，蛋黄囊、肠和心脏充血；出壳较早，但拖延时间长，绒毛有粘连，脐带愈合不良。

（2）湿度异常

① 湿度过高　入孵第5～6天气室小，第10～11天尿囊合拢延迟，第19天气室边界平齐，蛋重损失少；啄壳的洞口多黏液，喙粘在壳上，出壳晚而拖延，绒毛粘连蛋液，腹大、脐环闭合不良。

② 湿度过低　入孵第5～6天，胚胎死亡率高，气室大；第10～11天，蛋重减轻多，死胚外壳膜干而结实，绒毛干燥；出雏早，破壳困难，雏鹅弱小而干瘪，绒毛干燥、发黄，有时粘壳。

（3）通风不良　入孵第5～6天死亡率增高，第10～11天在羊水中有血液，第19天内脏器官充血及溢血；胚胎在蛋的小头啄壳，多闷死在壳内。

（4）翻蛋不正常　入孵第5～6天蛋黄粘于壳膜上，第10～11天尿囊尚未包围蛋白，19日龄胚胎在尿囊之外有余下的蛋白。

97. 怎样进行人工助产？

人工助产就是对那些蛋壳已被啄破但仍不能脱壳的胚胎进行帮助，要注意在蛋的内壳膜已变成半透明，没有血管或者壳膜已干时，才能用手轻轻地将雏鹅头颈拉出，并且将蛋竖立使之头颈向上靠在其他蛋上，让它自行脱壳。切忌硬拉、乱撕，否则会引起出血死亡。经助产的雏鹅一般体质较弱。

98. 何为嘌蛋？怎样进行？

当远距离运送鹅雏时，途中管理困难，损失大，因此需要用嘌蛋的方法运送鹅胚蛋。方法是将孵了23天的鹅胚蛋，装在竹筐内，天冷时筐内先铺一层柔软的干草，天热时可铺一层草席，然后再放胚蛋，最多两层蛋。如果天冷蛋温不够时，需加盖棉被等，路途中应经常检查温度，每天必须翻蛋1～2次，到达目的地后，应立即照蛋，取出死胚蛋，放在温暖的室内或出雏箱内出壳。

99. 如何进行初生雏鹅的雌雄鉴别?

(1) 外形鉴别法 一般来讲，初生雄雏鹅体格较大，身躯较长，头大颈长，喙长而阔，眼较圆，翼角无绒毛，腹部稍平贴，站立姿势较直；雌雏鹅体格较小，身躯短圆，头小颈短，嘴角短而窄，眼长圆，翼角有绒毛，腹部稍下垂，站立姿势有点倾斜。

(2) 声音鉴别法 雄雏鹅鸣声比较高、尖；雌的鸣声比较低、粗而沉浊。

(3) 肛门鉴别法 把雏鹅捉住，仰卧固定，然后用拇指和食指把肛门轻轻拨开，再稍加压力使其外翻，如有螺旋状不大的阴茎突起，是雄雏；如只有三角瓣形皱褶，便是雌雏。

(4) 捏肛法 此法需要有较丰富的经验和细致的手感。公鹅的阴茎较发达，呈螺旋状，在泄殖腔口内的下方，雌性个体没有。一只手捉住雏鹅，背部朝向术者掌心，腹部朝下，拇指和食指放在泄殖腔的左右，另一只手的拇指和食指在肛门的外侧使泄殖腔外翻，用手指触摸，如感觉有芝麻粒大小的突起则为雄性，没有突起为雌性。注意操作要轻，以免伤及雏鹅。

100. 鹅健康养殖如何准备孵化记录?

前已叙及，孵化过程中应做好孵化记录（表4-3），一般需要记录入孵蛋数、无精蛋数、照检情况、出雏情况（健雏数、弱雏数、死雏数）等，以便于了解孵化是否正常，及时对一些不合理的地方进行调整，以达到最高、最好的出雏效果，提高利润。

(1) 种蛋合格率 指种母鹅在规定的产蛋期内所产符合本品种、品系要求的种蛋数占产蛋总数的百分比。

表 4-3　孵化记录表

日期	品种	种蛋数	受精蛋	受精率	一照退出		出雏数		出雏率	备注	孵化人员签字
					圆黄	散黄	正品	次品			

$$种蛋合格率=\frac{合格种蛋数}{产蛋总数}\times 100\%$$

（2）受精率　受精蛋占入孵蛋的百分比。血圈、血线蛋按受精蛋计算；散蛋按无精蛋计算。

$$受精率=\frac{受精蛋数}{入孵蛋数}\times 100\%$$

（3）孵化率（出雏率）

① 受精蛋孵化率　出雏数占受精蛋数的百分比。

$$受精蛋孵化率=\frac{出雏数}{受精蛋数}\times 100\%$$

② 入孵蛋孵化率　出雏数占入孵蛋数的百分比。

$$入孵蛋孵化率=\frac{出雏数}{入孵蛋数}\times 100\%$$

种母鹅提供健雏数：每只种母鹅在规定产蛋期内提供的健康雏鹅数。

五、鹅的健康养殖关键技术

（一）雏鹅的养殖技术

101. 什么是雏鹅？ 其生理特点有哪些？

雏鹅是指孵化出壳后4周龄或1月龄内的鹅，又叫小鹅。其生理特点有以下几方面。

(1) 生长发育快 一般中、小型鹅种出壳重100克左右，大型鹅种130克左右。长到20日龄时，小型鹅种的体重比出壳时增长6～7倍，中型鹅种增长9～10倍，大型鹅种可增长11～12倍。为保证雏鹅快速生长发育的营养需要，要及时保证饮水、喂食和喂青饲料，饲喂含有较高营养水平的日粮。

(2) 体温调节能力差 雏鹅全身只有稀薄的绒毛，保温性能差，且消化吸收能力弱，对外界温度的变化缺乏自我调节能力，特别是对冷的适应性较差。随着雏鹅羽毛的生长和脱换以及体温调节机能的增强，可逐渐适应外界环境温度的变化。生产中小于20日龄的雏鹅，当温度稍低时就易发生挤堆现象，常导致压伤、窒息，甚至大批死亡。因此，在雏鹅的培育过程中，必须为雏鹅提供适宜的环境温度，以保证正常的生长发育，否则会出现生长发育不良、成活率低甚至造成大批死亡。

(3) 雏鹅消化道容积小，消化能力弱 30日龄以内的小鹅，特别是20日龄以内的雏鹅，不仅消化道容积小、消化能力差，而且吃下的食物通过消化道的速度比雏鸡、雏鸭快得多。因此，在给饲时要少喂多餐，喂给易消化、全价的配合饲料，以满足其生长发育的营养需要。

(4) 新陈代谢旺盛，公母雏鹅生长速度不同 雏鹅体温高，呼吸快，体内新陈代谢旺盛，需水较多，育雏时水槽不可断水，以利于雏鹅的生长发育。同样的饲养管理条件下，公雏比母雏增重高5%～25%，饲料转化率也高。所以在饲养条件允许的情况下，育雏时尽量做到公母分开饲养，以获得更高的经济效益。

(5) 抗逆性差，易患病 雏鹅的抵抗力和抗病力较弱，容易感染各种疾病，如果饲养密集，卫生条件较差，则易发生各种疾病。因此，应做好雏鹅防疫工作。

102. 如何育雏?

(1) 育雏前的准备工作

① 育雏季节的选择　一般来说，春季正是种鹅产蛋的旺季，可以大量孵化；天气由冷转暖，有利于雏鹅的生长发育；春天百草萌发，可为雏鹅提供开食吃青的饲料，当雏鹅长到20日龄左右时，青饲料已普遍生长，质地幼嫩，能满足全天放牧，到50日龄左右进入育肥阶段时，正是麦收季节，可以利用收割后的麦田进行放牧育肥。所以，育雏一般选择在春季较好。但在南方地区（如广东），四季常青，一般是11月份前后开始育雏，此时饲养条件好，雏鹅长得快，仔鹅育肥刚结束正好赶上春节市场需要。随着育雏条件的改善，以及反季节鹅生产技术的提高，选择育雏季节可以有更大的机动性。

② 制订育雏计划　育雏计划应根据饲养鹅的品种、进雏数量、进雏时间确定。首先根据进雏数量计算育雏面积，也可以根据育雏室的大小确定育雏数。建立健全育雏记录制度，记录内容包括进雏时间、进雏数、品种、育雏期成活率、耗料量、采食、饮水情况等。

③ 选择雏鹅　引进的品种必须优良，雏鹅要求来自健康无病、高产的种鹅群。同时，选择雏鹅时要了解种鹅群及防疫情况。种鹅必须进行过小鹅瘟、副黏病毒等疫苗的防疫，使雏鹅有足够的母源抗体保护。

④ 育雏室的准备　对育雏舍进行全面检查，对破损的墙壁和地板要及时修补，保证室内无贼风，鼠洞要堵好；照明用线路、灯泡必须完好，灯泡个数按每平方米3瓦的亮度安排；安排检查供暖设备，做到舍内光线充足、保温良好。育雏室地面最好为水泥地面，以便冲洗消毒。按雏鹅所需备好料盆、水盆。

⑤ 清扫与消毒　进雏前2～3天要对育雏室进行彻底清扫和消毒。育雏室和育雏用具用新洁尔灭进行喷雾消毒；墙壁、天花板可用10%～20%的石灰乳粉刷；地面用0.1%的消毒王溶液喷洒消毒，或用福尔马林熏蒸消毒（每立方米空间用15毫升福尔马林加7克高锰酸钾），密闭门窗24小时然后开窗通风。垫料应选择干燥、松软、无霉烂的稻草、锯屑等，经暴晒后铺在地面，一同消毒。

⑥ 饲料和药品的准备　要保证雏鹅一进入育雏室就能吃到易消化、营养全面的饲料，并保证整个育雏期饲料的稳定。鹅是草食水禽，在培育雏鹅时要充分发挥其原有特性，补充日粮中维生素的不足，最好将嫩菜叶切成细丝喂给。应满足雏鹅对青饲料的需要，青饲料占雏鹅饲料的60%～70%。缺乏青料时，要在精料中补充0.01%的复合维生素。同时要准备雏鹅常用的一些药物，如多维、土霉素、恩诺沙星、庆大霉素等。如种鹅未免疫，还要准备小鹅瘟疫苗或抗血清、小鹅瘟高免卵黄抗体。

⑦ 预温　消毒好的育雏室经过1～2天的预热，舍内温度应达到28～30℃，才能进行育雏。

(2) 育雏方式

① 地面平养　育雏鹅舍最好为水泥地面，地面铺上3～5厘米厚的垫草，将雏鹅饲养在垫草上或者是在地势高燥的地方饲养。这

种饲养方式适合鹅的生活习性，可增加雏鹅的运动量，减少雏鹅啄羽的发生。但这种饲养方式需要大量的垫料，并且容易引起舍内潮湿，因此一定要保持舍内通风良好，对潮湿的垫料应及时更换。3～5天后，应逐渐增加雏鹅在舍外的活动时间，以保持舍内垫草的干燥。

② 网上平养　育雏时将雏鹅饲养在离地50～60厘米高的铁丝网或竹板上（网眼1.25厘米×1.25厘米）。网上饲养的密度可高于地面饲养。

③ 地面平养和网上平养结合　将5～7日龄内的鹅采用网上平养，以后转入地面平养，这种方式，既能满足幼龄对温度的要求，提高成活率，又可避免因长时间网上饲养引起雏鹅啄羽等不良现象。

④ 笼养　可利用鸡的育雏多层笼设备，或自制2～3层育雏笼。由于采用立体式饲养，可提高单位面积的饲养量。有条件的可采用全阶梯式或半阶梯式笼养，粪便直接落地，可提高饲养效率，值得推广。

103. 保温育雏方式有几种?

育雏常用的有保温伞、红外线灯、煤炉、暖风炉等给温形式。这种方式虽然消耗一定的能源，但育雏效果好，育雏数量大，劳动效率高。

(1) 电热育雏伞　用木板或铁皮制成伞状罩，直径为1.5米，伞状罩最好做成夹层，中间填充玻璃纤维等隔热材料，以利保温。伞内设电热丝、调温设备等。伞的边缘离地面高度为雏鹅背部高度的2倍左右，随着雏鹅日龄的增长，应调整高度。每个保温伞可饲养雏鹅100～150只，需饮水器和料盘各4～6个，放置时要交替排列且不能直接放在热源下方或离热源太近。此法耗电多，成本较高，无电或供电不正常的地方不能使用。电热伞的优点是温度稳定且容易调节，管理方便，室内清洁；缺点是育雏伞余热少，需要设火炉或暖风炉、暖气等提高室温，地面也要铺上垫料。

(2) 红外线灯育雏 直接在地面或网的上方吊红外线灯，利用红外线灯散发的热量进行育雏。用250瓦红外线灯悬挂在育雏床上方，距床面5～10厘米，每个灯下可饲养雏鹅100只左右，可随着雏鹅的日龄调整红外线灯的高度。此法管理方便，室内干净，空气好，保温稳定，垫草干燥，但耗电量大，灯泡易损坏，成本较高，无电或供电不正常的地方不能使用。

(3) 地下烟道育雏 由火炉和烟道组成，火炉设在室外，烟道通过育雏室内，利用烟道散发的热量来提高育雏室内的温度。此法保温性能良好，结构简单，建造方便，成本低，育雏量大，育雏效果好，特别是对于20日龄的雏鹅效果最显著，适合于小规模饲养。

(4) 室内煤炉育雏 在育雏舍内安装煤炉。煤炉可用铁皮制成或用烤火炉改进而成，炉上设有铁皮制成的伞形罩或平面盖，并留有出气孔，以便接上通风管道，管道接至舍外以排出煤烟。煤炉下部有一进气孔，并用铁皮制成调节板，以调节进气量和炉温。若采用市售小型烤火炉，每只火炉可供温育雏舍面积15平方米左右。煤火炉供温育雏的优点是经济实用，成本低，保温性能较稳定；缺点是调温不便，升温慢，且要防止管道漏烟而发生一氧化碳中毒。

104. 适宜的育雏条件主要包括哪些方面?

(1) 温度 雏鹅体温调节机能不健全，防寒能力较差，所以育雏期需要人工给予适宜的环境温度。温度关系到育雏成败，温度适宜有利于提高雏鹅的成活率，促进雏鹅的生长发育。育雏温度是随着日龄的增加而逐渐降低，直至脱温。

(2) 湿度 育雏室要保持干燥清洁，相对湿度控制在60%～65%。高温高湿时，雏鹅体热散发不出去，容易引起“出汗”，食欲减退，抗病力下降；在低温高湿时，雏鹅体热散失加快，容易患感冒等呼吸道疾病。经常利用育雏室的门窗或换气扇进行通风换气，室内喂水时切勿外溢，保持舍内干燥。

鹅育雏期适宜的温湿度见表 5-1。

表 5-1 育雏期雏鹅适宜的温度、湿度

日龄	温度/℃	相对湿度/%	室温/℃
1～5	27～28	60～65	15～18
6～10	25～26	60～65	15～18
11～15	22～24	65～70	15
16～20	20～22	65～70	15
20 以上	18	65～70	15

(3) 营养充足、全面、平衡的日粮 雏鹅生长迅速，代谢旺盛，要保证雏鹅正常的生长发育，必须供给充足的营养。雏鹅消化道容积小，消化机能差，饲料要易于消化吸收，要选用优质的饲料原料（如玉米、豆粕）和优质的青饲料（洁净的青菜、鲜嫩的青草）等。

(4) 通风 由于雏鹅生长发育较快，新陈代谢旺盛，除了要保证饲料和饮水供应外，还要保证新鲜空气的供给。同时雏鹅要排出大量的二氧化碳，鹅粪便、垫料发酵也会产生大量的氨气和硫化氢气体。因此，必须对雏鹅舍进行通风换气。过量的氨气易于引起呼吸道疾病，并影响饲料消化吸收。

(5) 光照 育雏期间，一般要保持较长时间的光照，有利于雏鹅熟悉环境，增加运动，便于雏鹅采食、饮水，以满足生长的营养需求。太阳光能提高鹅的生活力，增进食欲，有利于骨骼的生长发育。鹅 5～10 日龄起可以逐渐增加室外活动时间，增强体质。

(6) 饲养密度 雏鹅的饲养密度与雏鹅的运动、室内空气的新鲜与否以及室内温度有密切的关系。适宜的饲养密度，有利于提高群体的整齐度。密度过大，雏鹅生长发育受阻，甚至出现啄羽等恶癖；密度过小，则降低育雏室的利用率。一般育雏初期密度可稍大些，随着日龄的增加，密度逐渐降低。

(7) 卫生 雏鹅小、体质弱，对环境的适应力和抗病力都很差，容易感染发病，特别是传染病。所以要加强入舍前的育雏舍消毒，加强环境和出入人员、用具设备消毒，经常带鹅消毒，并封闭育雏，做好隔离。

105. 如何对雏鹅进行选择与分群?

(1) 雏鹅的选择 选择雏鹅是非常重要的环节，雏鹅质量的好坏直接影响到雏鹅的生长发育和成活率。为保证饲养效果，进雏鹅时必须进行严格的选择。

① 看脐肛 选择腹部柔软、卵黄吸收充分、脐部吸收好、肛门清洁的雏鹅。大肚皮和血脐的雏鹅，均表明健康状况不佳。

② 看绒毛 绒毛要粗、干燥、有光泽。凡是绒毛太细、太稀、潮湿乃至相互黏着无光泽的，表明发育不佳、体质差，不宜选用。

③ 看体态 用手由颈部至尾部摸雏鹅的背，要选背部粗壮的鹅。好的雏鹅应站立平稳，两眼有神。更要坚决剔除瞎眼、歪头、跛腿等外形不正常的雏鹅。初生体重应正常，一般大型品种130克左右、中型品种90克左右、小型品种70～80克。

④ 看活力 健壮的雏鹅行动活泼，叫声有力。当用手握住颈部将其提起时，它的双腿能迅速有力地挣扎。将雏鹅仰翻放倒其能迅速翻身站起。另外，一群雏鹅中，头能抬得较高的也是活力较好的。

(2) 分群饲养 刚出壳的雏鹅，应按其体重、强弱分群饲养。如发现食欲不振、行动迟缓、瘦弱的雏鹅，应及时剔出，单独饲喂。分群饲养加上精心管理，可显著提高育雏期的成活率。随着鹅体重增大，应逐渐减小密度，对中小型鹅而言，1周龄后每平方米养雏鹅20只，2周龄后每平方米养15只，如天气温暖，2周龄后可放到舍外大圈饲养，但每群最好不超过200只。合理的密度，既有利于雏鹅生长发育，又能提高育雏室的利用率，还可以防止压伤、压死雏鹅。

106. 雏鹅运输过程中需要注意哪些问题?

(1) 装运前，竹筐和垫草应先进行暴晒和消毒。装运时，防止每筐（箱）装得太多，以免拥挤。运输途中既要注意保温，又要注意通风。

（2）雏鹅的运输，以在孵出后 8～12 小时到达目的地最好，最迟不得超过 36 小时。

（3）雏鹅运输的包装工具最好是竹筐，竹筐的直径为 100～120 厘米，每筐装雏鹅 70～80 只。

（4）在冬季和早春时节，运输途中应注意保温，勤检查雏鹅动态，防止雏鹅挤堆受热，绒毛发湿，俗称“出汗”。夏季运输过程中注意通风透气，防止日晒雨淋。

（5）运输途中不能喂食，如果路途距离较长，应设法让雏鹅饮水，可在水中加入复合维生素（1 克/升），以免引起雏鹅脱水而影响成活率。

（6）雏鹅运达目的地，先让其充分饮水，然后再开食。

107. 开水时应注意什么问题?

一定要保证水质的卫生，雏鹅出壳或运回后适当休息，绒毛已干能站立时便可给予饮水。如果是远距离运输，则宜首先喂给 5%～10%的葡萄糖水，可以迅速恢复雏鹅体力，其后就可改用普通清洁饮水。雏鹅第一次饮水，时间掌握在 3～5 分钟，在饮水中加入 0.01%高锰酸钾，可以起到消毒饮水、预防肠道疾病的作用，一般用 2～3 天即可。“开水”时轻轻将雏鹅头在水中按一按，让其自由饮水，如果批量较大，就训练一部分小鹅先学会饮水，然后通过模仿行为使其他小鹅相互学习。但是饮水器位置要求固定，切忌随便移动。一经开水后，绝不能停止，保证随时都可饮到水，天气寒冷时宜用温水。

108. 开食过程中应注意哪些问题?

开食必须在第一次饮水后，当雏鹅开始“起身”（站起来活动）并表现出有啄食现象时进行。一般是在出壳后 24～36 小时内开食。

开食的精料多为细小的谷实类，常用的是碎米和小米，经清水浸泡 2 小时，喂前沥干水。开食的青料要求新鲜易消化，喂前要剔除黄叶、烂叶和泥土，去除粗硬的叶脉、茎秆，并切成 1～2 毫米宽的细丝状。饲喂时把事先加工好的青料切碎，均匀撒在草席或塑料布上，引诱雏鹅采食。个别反应慢的、不会采食的鹅，可将青料送到其嘴边，或将其头轻轻拉入饲料盆中。青料在切细时不可挤压。切碎的青料不可存放过久。雏鹅对脂肪的利用能力很差，饲料中切忌油，不要用带油的刀切青料，更不要加喂含脂肪较多的动物性饲料。第一次喂食不要求雏鹅吃饱，吃到半饱即可，时间为 5～7 分钟。由于雏鹅消化道容积小，喂料应做到“少喂勤添”。一般从 3 日龄开始用全价饲料饲喂，随着雏鹅日龄的增长，可逐渐增加青绿饲料或青菜叶的喂量，饲喂时在饲料中掺一些切成细丝状的青菜叶、莴苣叶、油菜叶等或直接喂给青饲料。

109. 雏鹅的日粮应该怎样搭配?

雏鹅的饲料包括精料、青料、矿物质、维生素、添加剂等。1～21 日龄的雏鹅，饲粮中粗蛋白水平为 20%～22%，代谢能为 11.30～11.72 兆焦/千克；21 日龄后，蛋白质水平为 18%，代谢能约为 11.72 兆焦/千克。刚出壳的雏鹅消化能力较弱，可喂给优质蛋白质含量高、容易消化的饲料。应采用全价配合日粮饲喂雏鹅，并根据所饲养鹅品种推荐的饲养标准拌入多种维生素添加剂，最好使用颗粒饲料，直径为 2.5 毫米，这样不仅可以获得良好的增重效果，而且比饲喂粉料节约饲料。随着雏鹅日龄的增长，逐渐增加优质青饲料的补给量，并延长放牧时间。雏鹅对脂肪的利用率差，饲料中不宜添加含脂肪多的动物性饲料。自 4 日龄起，雏鹅的饲料中应添加沙砾，添加量以 1%左右为宜，10 日龄前沙砾直径为 1～1.5 毫米，10 日龄后沙砾直径为 2.5～3 毫米适合。每周喂量 4～5 克，也可设饲槽，任其自由采食。放牧鹅可不喂沙砾。

110. 雏鹅如何确定饲喂次数和方法?

育雏早期，雏鹅的消化系统发育未完善，消化道容积小，从食

入到排出需经过2小时左右，因此要少喂勤添，这是提高育雏成活率的关键。育雏栏内放入沙盘，保健沙砾以绿豆大小为宜。喂料时为防止雏鹅专挑青料而少吃精料，可以把精料和青料分开，先喂精料再喂青料，这样可满足雏鹅的营养需要。随着雏鹅放牧能力的增强，可适当减少饲喂次数。雏鹅要饲喂营养丰富、易于消化的全价配合饲料和优质青饲料。饲喂次数及饲喂方法参考表5-2。

表5-2　雏鹅饲喂次数及饲喂方法

日龄	2～3	4～10	11～20	21～28
每日总次数	6～8	6～7	5～6	3～4
夜间次数	2～3	2～3	1～2	1
日粮中精料所占比例	50%	30%	10%～20%	7%～8%

111. 如何进行雏鹅的放牧游水？

放牧游水的时间随季节而定，春末至秋初气温较高时，雏鹅出壳后1周就开始放牧游水，冬季要从10～20日龄开始。第一次放牧要选择风和日暖的晴天进行，先放牧，后游水。

(1) 妥善安排放牧时间　雏鹅放牧应该“迟放早收”。上午第一次放牧的时间应该晚一些，以草上的露水干了以后放牧为好，下午收鹅的时间要早一些。初期放牧每天两次，每次约30分钟，上下午各一次，以后逐渐增加次数，延长时间，到20日龄后，雏鹅已开始长片羽毛管，即可以全天放牧，只需夜晚补饲一次。

(2) 放牧地的选择　放牧地应选择地势平坦、青草幼嫩、水源较近的地方；放牧地宜近不宜远；最好不要在公路两旁和噪声较大的地方放牧，以免鹅群受到惊吓。阴雨天和大风天不要放牧；病、弱雏暂时不要放牧。放牧时赶鹅不要太急，禁止大声吆喝和紧迫猛追，以防止惊鹅和跑场。

(3) 放牧与放水相结合　放牧要与放水相结合，放牧前饲喂少量饲料后，将雏鹅缓慢赶到附近的草地上活动，让其采食青草约半小时，然后赶到清洁的浅水池塘中，任其自由下水、戏水，可促进新陈代谢，使其长骨骼、肌肉和羽毛，有利于羽毛清洁，提高抗病力，不可将雏鹅强行赶入水中。游水后，将鹅赶回向阳避风的草地上。初次放水约10分钟即将鹅群赶回向阳避风的草地上，让其梳理羽毛，待羽毛干后赶回鹅室，以免受凉。

(4) 加强训练 为了更好地进行雏鹅的放牧，应对鹅群进行合理的组织和调训。要使鹅听从指挥，必须从小训练，关键在于让鹅群熟悉指挥信号和“语言信号”，选择好头鹅。如用小红旗和彩棒作指挥信号，在雏鹅出壳时就应让其看到，并且在以后的日常饲养管理中都用小红旗或彩棒来指挥，如喂食、放牧、收牧、下水行为等逐步形成固定的条件反射。头鹅身上要涂上红色标志，以便于寻找。

(5) 合理组织鹅群 放牧的鹅群以300～500只为宜，最多不超过600只，由两位放牧员负责，前领后赶。同一群的雏鹅，应该日龄相同，否则大的鹅跑得快、小的鹅走得慢，难于合群。鹅群太大不好控制，在小块放牧地上放牧常造成走在前面的鹅吃饱了、落在后面的鹅吃不饱，影响生长发育的均匀度。

112. 提高育雏成活率应注意哪些问题?

(1) 育雏室及用具要严格消毒 育雏室内常残留鹅的很多排泄物，这些排泄物中存在着许多病原微生物，很容易导致雏鹅感染、发病。因此，在育雏前，必须将育雏室打扫冲洗干净，进行消毒。

(2) 选好鹅苗 鹅苗质量的好坏，直接影响育雏成活率的高低，选好鹅苗是提高育雏成活率的前提和基础。

(3) 掌握好温度 雏鹅幼小体弱，体温调节机能不健全，适应外界环境能力很差，掌握好育雏期的温度对提高成活率非常重要。一般鹅苗到场之前要提前预温。

(4) 抓好开饮开食 雏鹅一般在出壳24小时后就可先开水后开食，保证饮水器不漏水，防止垫料和饲料霉变。一定要保证水质卫生，雏鹅出壳或运回后适当休息，绒毛已干能站立时便可给予饮

水。开食必须在第一次饮水后，当雏鹅开始“起身”（站起来活动）并表现出有啄食现象时进行。

（5）做好疾病预防工作 雏鹅时期是鹅最容易患病的阶段，只有做好综合预防工作，才能保证高的成活率。雏鹅应隔离饲养，不能与成年鹅和外来人员接触。

（6）防止应激 保持育雏室内环境安静，严禁粗暴操作、大声喧哗引起惊群，同时，防止狗、猫、鼠等动物窜入室内。室内光线不宜过强，灯泡以不超过40瓦为好，而且要挂得高一些，只要能让雏鹅看到饮水、采食即可，以免引起啄癖，最好能安装蓝色灯泡，以减少灯光对雏鹅眼睛的刺激和啄癖的发生。

113. 如何控制育雏室的主要环境条件?

（1）控制适当的温度 适宜温度是育雏成功的首要条件。育雏期必须保证均衡的温度，保温期的长短，因品种、气温、日龄和雏鹅的强弱而异，一般需保温2～3周。育雏温度包括育雏室温度和雏鹅感知温度，一般讲的育雏温度是指育雏室内雏鹅背部高度处的温度（即雏鹅感知温度），而育雏室温度是指育雏室内两窗之间距离地面1.5～2米高处的温度。育雏温度控制应有高中低三个温区，以满足不同体质雏鹅的需要。

在实际育雏过程中，判断育雏温度是否适宜，可根据雏鹅的行为及表现来判断。温度过低时，雏鹅靠近热源，绒毛直立，躯体蜷缩，发出“叽叽”的尖锐声，严重时造成大量的雏鹅被压死；温度过高时，雏鹅远离热源，张口呼吸，精神不安，饮水频繁，食欲下降；温度适宜时，雏鹅在育雏栏内分布均匀，表现活泼好动，呼吸平和，睡眠安静，食欲旺盛。在整个育雏期间，温度应逐渐下降，切忌忽高忽低急剧变化。育雏保温应遵循以下原则：群小时温度稍高，群大时温度稍低；夜间温度稍高，白天温度稍低；阴天温度稍高，晴天温度稍低；弱雏温度稍高，壮雏温度稍低；冬季温度稍高，夏季温度稍低。

（2）掌握适当的湿度 鹅属于水禽，但干燥的舍内环境对雏鹅的生长、发育和疾病预防至关重要。地面垫料育雏时，一定要做好垫料的管理工作，防止垫料潮湿、发霉。为了防止湿度过大，饮水器加水不要太满，而且要平稳放置，避免饮水外溢，对潮湿垫料要及时更换。育雏室窗户不要长时间关闭，要注意通风换气，降低舍内湿度。

（3）注意通风换气 通风的程度一般控制在人员进入育雏室时不觉得闷气，没有刺眼、刺鼻的臭味为宜。夏、秋季节，通风换气工作比较容易进行，打开门窗即可完成。冬、春季节，通风换气和室内保温容易发生矛盾。在通风前，首先要使舍内温度升高2～3℃，然后逐渐打开门窗或换气扇，避免冷空气直接吹到鹅体。通风多安排在中午前后，避开早晚时间。鹅舍中氨气的浓度应控制在20毫克/立方米以下，硫化氢浓度在10毫克/千克以下，二氧化碳浓度控制在0.5%以下。

（4）控制雏鹅饲养密度 鹅育雏期适宜的饲养密度参见表5-3。

表5-3 雏鹅饲养密度 单位：只/平方米

类型	1周龄	2周龄	3周龄	4周龄
中、小型鹅种	15～20	10～15	6～10	5～6
大型鹅种	12～15	8～10	5～8	4～5

（5）制订科学的光照制度 光照不仅与生长速度有关，也对仔鹅培育期性成熟有影响。雏鹅的光照要制订制度，严格执行。育雏期光照时间，1～3日龄24小时光照，4～15日龄18小时光照，16日龄后逐渐减为自然光照，但晚上需开灯加喂饲料。光照强度0～7日龄每15平方米用1只40瓦灯泡，8～14日龄换用25瓦灯泡，高度距鹅背2米左右。

114. 雏鹅阶段的防疫工作有哪些？

（1）隔离饲养 雏鹅应隔离饲养，不能与成年鹅和外来人员接触，育雏室门口设有消毒间和消毒池。定期对雏鹅、鹅舍及用具用百毒杀等药物进行喷雾消毒。

（2）及时接种疫苗 小鹅瘟是雏鹅阶段危害最重的传染病，常常造成雏鹅的大批死亡。购进的雏鹅，首先要确定种鹅是否用过小鹅瘟疫苗免疫。种鹅在开产前1个月接种，可保证半年内所产种蛋含有母源抗体，孵出的小鹅不会得小鹅瘟。如果种鹅未接种，雏鹅可在3日龄皮下注射10倍稀释的小鹅瘟疫苗0.2毫升，1～2周后再接种1次；也可不接种疫苗，对刚出壳的鹅苗注射高免血清0.5毫升或高免蛋黄1毫升。

（3）饲料中添加药物防疫 根据育雏期间周围疫情、本场以往发生的疫情、育雏季节容易感染的疫病等情况，适时使用一些抗生素预防疾病的发生。

（4）搞好环境卫生 鹅舍必须经常打扫，勤换垫草，保持舍内干燥。除育雏室要定期清扫外，运动场也应该每天清扫，及时将杂物运到垃圾场。水槽、料槽及时清理、刷洗、消毒，水池定期换水，每次换水时将池底杂物清理干净。

115. 如何减少雏鹅的意外死亡？

（1）防止野生动物伤害 雏鹅缺乏自卫能力，老鼠、鼬、鹰都会对它们造成伤害。因此，育雏室的密闭效果要好，任何缝隙和孔洞都要提前堵塞严实。雏鹅在运动场和水池活动或在放牧过程中都要有人照料，不能让猫、狗接近群鹅。

（2）减少挤堆造成的死伤 室温过低、受到惊吓、洗浴后羽毛未干就进入育雏室都会引起雏鹅挤堆，造成雏鹅死伤。

（3）防止踩、压造成的伤亡 当饲养员进入雏鹅舍的时候，抬腿落脚要小心，以免踩住雏鹅；放料盆或料桶时要注意避免压住雏鹅；工具放置要稳当、操作要小心，以免碰倒工具砸死雏鹅。

（4）其他 “放水”时注意观察，防止溺水（主要是10日龄前的雏鹅）；笼养和网上平养时防止鹅的腿脚被底网孔夹住、头颈被网片连接缝挂住等。

116. 如何做好弱雏复壮工作?

(1) 及时隔离 通过日常的观察，发现弱雏后及时将其从大群中隔离出来，放置在单独设置的弱雏圈内。如果没有及时发现和隔离，弱雏在大群内很容易被撞倒和踩伤、踩死，也不能及时得到足够的营养。

(2) 适当保温 为了减少弱雏体热的散失，促进其恢复，要求弱雏鹅圈的温度要比其他圈的温度高 2℃。可以将弱雏圈设在靠近热源的地方或另外设置加热装置。

(3) 补充营养 可以通过在饮水器内添加适量的葡萄糖、复合维生素、小苏打等以调节其生理机能、增强其抵抗力，同时增加配合饲料的使用量。

(4) 合理治疗 对于弱雏可以考虑使用一些抗生素以增强其抗病能力，对于有外伤的个体还要及时进行消毒和敷药。

117. 鹅健康养殖如何准备育雏记录?

(1) 成活率 初生鹅进入育雏期时需要记录饲养员姓名，鹅品种名，公、母鹅各自的数量，在饲养过程中需要记录每天死亡数和淘汰数（表 5-4）。

$$育雏成活率=\frac{育雏期末成活雏鹅数}{入舍雏鹅数}\times 100\%$$

表 5-4 育雏记录表

日期	日龄	存栏数			死淘数		喂料量	温度	天气	光照	备注(用药、防疫、采血等)	饲养员签名
		公	母	合计	公	母						

(2) 体重数据 育雏期称重包括出生至育雏期结束过程中每周体重，每次称重数量至少 60 只（公、母各半），称重前需断料 8 小

时以上，以便于了解育雏过程中雏鹅是否生长正常。并将这些数据记录到专用记录本（表 5-5）上。也有些鹅场仅称初生重和育雏期末体重。

表 5-5　育雏期体重记录表

编号	初生重	第一周	第二周	第三周	第四周

$$育雏期增重=育雏期末体重-初生重$$

$$育雏期相对生长速度=\frac{育雏期末体重-初生重}{育雏期末体重}\times 100\%$$

（3）耗料数据　每次用料时要进行称重记录，在周末断料称重时也要对料盘中剩余的料进行称重记录，用周加料量减去剩余的料量就可知该周共用了多少料。

（二）种鹅的养殖技术

118. 种用雏鹅的选择有什么特殊要求?

引进的品种必须优良，雏鹅要求来自健康无病、高产的鹅群。同时，选择雏鹅时要了解种鹅群及雏鹅防疫情况。

（1）雏鹅的出壳时间选择　鹅的孵化期为 31 天，早的可能在 30 天初就开始出壳，晚的要到 32 天末才能出壳，出壳的拖延时间较长。但是出壳提早或推迟得过多则雏鹅的质量无法取得保证。因此，选择雏鹅要选择在出雏集中时间内出壳的雏鹅。

（2）健康雏鹅的外观表现　选择体质健壮，绒毛光洁且长短稀密度适度，卵黄吸收好，脐部收缩完全，没有脐钉，脐部周围没有血斑、水肿和炎症；体重大小均匀，群体整齐；绒毛、喙、胫的颜色都符合品种特征的健雏作种雏。

119. 种鹅为什么要选择早春季节育雏?

为了保证种鹅在当年的秋冬季节能够按时开产并有较高的产蛋

性能，要选择在2月至4月中旬出壳的雏鹅留作种用。这个时期出壳的雏鹅在10月中旬前后饲养期有6～8个月，身体发育充分、各种生理器官发育成熟，使鹅不仅达到性成熟，也能达到体成熟，而有利于生产性能的发挥。只要在饲料和光照方案按照产蛋期种鹅的要求执行，很快就可以进入产蛋期。再者，此期间孵化所用的种蛋是在产蛋高峰期所产的，遗传素质高，且雏鹅质量好，易于成活。

120. 后备种鹅要经过几次选择？ 公母比例以多大为合适？

鹅特殊的繁殖生理特点决定了种鹅的选择成为种鹅育成过程中必不可少的一项技术。种用鹅一般应经过以下四次选择，把体形大、生长发育良好、符合品种特征的鹅留作种用，以培育出产蛋量高或交配受精能力强的种鹅。

(1) 第一次选择 在育雏期结束时进行。选择的重点是选择体重大的公鹅，母鹅则要求具有中等的体重，淘汰那些体重较小的、有伤残的、有杂色羽毛的个体。经选择后，公母鹅的配种比例为：大型鹅种为1∶2，中型鹅种为1∶(3～4)，小型鹅种为1∶(4～5)。

(2) 第二次选择 在70～80日龄进行。可根据生长发育情况、羽毛生长情况以及体形外貌等特征进行选择。淘汰生长速度较慢、体形较小、腿部有伤残的个体。

(3) 第三次选择 在150～180日龄进行。此时鹅全身羽毛已长齐，应选择具有品种特征、生长发育良好、体重符合品种要求、体形结构和健康状况良好的鹅留作种用。公鹅要求体形大、体质健壮，躯体各部分发育匀称，肥瘦和头的大小适中，雄性特征明显，两眼灵活有神，胸部宽而深，腿粗壮有力。母鹅要求体重中等，颈细长而清秀，体躯长而圆，臀部宽广而丰满，两腿结实，耻骨间距宽。选留后的公母鹅配种比例为：大型鹅种为1∶(3～4)，中型鹅种为1∶(4～5)，小型鹅种为1∶(6～7)。

(4) 第四次选择 在种鹅开产前1个月左右进行，具体时间因品种而异。这是最重要的一次选择，重点是选择种公鹅，必须经过体形外貌鉴定与生殖器官检查，有条件进行精液品质检查则更好，符合标准者方可入选，以保证种蛋受精率。种母鹅要选择那些生长发育好、体形外貌符合品种特征标准、第二性征明显、精神状态良好的留种。同时，把种鹅的个体分别编号，记录开产日龄、开产体重、第二年的产蛋数、平均蛋重。根据以上资料，将产蛋多、持续期长、无抱性、适时开产的优秀个体留作种用。

121. 生长期种鹅的管理要点有哪些?

（1）采食与饮水 此阶段采取放牧加补饲的饲养原则，除保证充足的放牧外，还需酌情补饲全价配合饲料。补饲时间通常安排在中午或傍晚。补饲量应视草情、鹅情而定，以满足需要为佳。如果无条件而采取舍饲，则要求备足青绿饲料，每天青绿饲料喂 3 次，每只喂量 500～700 克，做到不定时、不定量，并供给充足的饮水，晚上根据青绿饲喂情况补喂一定数量的配合饲料。种鹅生长期参考饲料配方 1：玉米 62.0%，豆粕 24.9%，麦麸 8.5%，蛋氨酸 0.13%，石粉 1.6%，磷酸氢钙 1.7%，盐 0.3%，预混料 0.9%；饲料配方 2：玉米 54.0%，豆粕 16.0%，饲料酵母 3.0%，稻糠 18.0%，麦麸 5.57%，蛋氨酸 0.1%，石粉 1.0%，磷酸氢钙 1.7%，盐 0.35%，胆碱 0.05%，多种维生素 0.03%，矿物质微量元素添加剂 0.2%。

（2）放牧与放水 放牧初期要控制时间，每天上下午各一次，每次活动时间不宜太长，随着日龄的增加和放牧采食能力的增强，可全天外出放牧，但中午要回棚休息 2 小时。鹅的采食高峰是早晨和傍晚，早晨露水多，除小鹅时期不宜早放外，待腹部羽毛长成后，早晨尽量早放，傍晚天黑前，是又一个采食高峰，所以尽可能将茂盛的草地留在傍晚时放。放牧地尽量选择离鹅舍较近处，不宜过远；同时确定最佳放牧路线，不走回头路，每天力争让鹅吃到 4～5 个饱（鹅的嗉囊发鼓发胀到喉部下方处，即为 1 个饱的标志）。放牧与放水相结合，当放牧一段时间，鹅吃到八九成饱后，就应及时放水，把鹅群赶到清洁的池塘充分饮水和洗澡，每次半小时左右，然后赶鹅上岸，抖水、理毛、休息。

(3) 分群管理 因为公母鹅体质存在差异，如果混群饲养易造成公、母体质差异悬殊；同时也造成母鹅提前开产，既不利于种鹅生产性能的发挥，也不利于整个生产的安排；另外也会经常出现交配的现象，使公鹅的阴茎被咬伤，而失去种用价值。因此，按体质强弱、批次分群，一般以 200 只鹅为一群。来源于不同群体的鹅重新组群后，由于彼此不熟悉，常常不合群，甚至有“欺生”现象发生。因此，此期除做好日常的饲养工作外，还必须进行调教使其合群。

(4) 选留 7 周龄时要对青年鹅进行选留，留作种用公鹅的个体要求体格健壮、体重较大、腿粗壮、羽毛生长良好；留作种母鹅的个体要求体形中等偏大、体质健壮、羽毛生长良好。不符合要求的鹅全部淘汰。

(5) 运动 圈养鹅群要注意经常让它们到运动场活动，通过活动增强体质，也减少鹅舍内的脏污和潮湿。每天可以让鹅群下水洗浴 0.5～1 小时。

(6) 控制饲养密度 5 周龄以后的雏鹅阶段，按照室内面积每平方米饲养 5～7 周龄的鹅 8 只或 8～10 周龄的鹅 6 只。不能让鹅在鹅舍内感到拥挤。

122. 青年种鹅饲养管理中应注意什么?

(1) 搭好鹅棚，防止淋雨和中暑 可因地制宜、因陋就简搭架临时性鹅棚，做到防雨防兽害，要求场地干燥，以防鹅着凉。下雨前，尽早把鹅赶回鹅棚，避免雨淋。在炎热天气，鹅群常在棚内焦躁不安，可及时放水，中午应在树荫下休息，谨防中暑。

(2) 饲料选用 圈养青年种鹅饲料应选择营养丰富、易于消化的全价配合饲料另加优质的青绿饲料，不要只喂单一的原料和营养不全的饲料，饲喂时按照重量计，将 55％的青绿饲料、30％的粗饲料和 15％的精饲料混合均匀后放在料盆或食槽内饲喂，供给充

足清洁饮水和矿物质及维生素添加剂。

（3）保证一定的运动量 舍饲环境条件下的青年鹅，运动量受到了较大的限制，不利于其骨骼的生长发育，所以要在建舍时规划足够面积的运动场，并做到定时驱赶运动，让鹅群保持一定的运动量，使其具有良好的体质。

（4）保持饲养管理制度恒定 为使鹅群建立良好的条件反射，包括饲养人员、饲料和牧草、喂料和清洁卫生时间等都应基本固定，无特殊情况不应变更。

（5）搞好卫生防疫工作 放牧前应注射小鹅瘟血清、禽霍乱疫苗。在放牧中，如发现邻区或上游放牧的鹅群或分散养鹅户发生传染病时，应立即转移鹅群到安全地点放牧，以防传染病。不要到工业排放污水的水渠放牧，对喷洒过农药、施过化肥的草地、果园、农田，应经过10～15天后再放牧，以防中毒。舍内及运动场要保持清洁卫生，并定期进行消毒处理，垫草要勤换。

123. 青年种鹅春夏放牧管理要点有哪些?

（1）放牧时间 放牧初期要控制时间，每天上下午各放一次，每次活动时间不要太长，随着日龄的增长，慢慢延长放牧时间，在中午时最好回棚休息2小时；鹅的采食高峰在早晨和傍晚，早晨露水较多时，要注意避免鹅采食带露水的牧草和鹅腹部被露水打湿后受凉，在鹅腹部羽毛长成后可以每天早些放牧；待多数鹅食饱之后将鹅群赶入清洁池塘或者清水河中，让其自由活动和洗浴游泳。

（2）适时放水 放牧要与放水相结合，当放牧了一段时间，鹅群在吃至八九成饱时，大多数要蹲下休息，应及时放水，把鹅群赶到清洁的池塘充分饮水和洗澡，每次半小时左右，然后赶鹅上岸，抖水，理毛，休息。放水的池塘或河流的水质必须干净、无工业污染，塘边、河边要有一片空旷地。

（3）防中暑雨淋 热天放牧应早晚多放，中午在树荫下休息，或者赶回鹅棚，不可在烈日暴晒下长久放牧，同时要多饮水，防止中暑。雷雨、大雨时不能放鹅。放牧地离鹅舍要近，在雨下大时可以及时赶回。

(4) 采食观察 以放牧为主，如果放牧场地有丰富的牧草可吃，可以不用补饲。如吃得不饱，应该给予补饲。补饲量应视草情、鹅情而定，以满足需要为佳。但在刚结束育雏期进入生长期的鹅群，可继续适当补饲，但应随时间的延长，逐步减少补饲量。为了使鹅群在牧地上多吃青草，白天补料时不喂青料，只喂精料。喂料时，要认真观察鹅的采食动作和食管的充容度，这能及时发现病鹅。凡健康、食欲旺盛者，表现为动作敏捷，抢着吃，不挑剔，一边采食，一边摆脖子下咽，食管迅速膨大增粗，并往右移，嘴呷不停地往下点。凡食欲不振者，表现为采食时抬头，东张西望，嘴呷含着料，不愿下咽，有的嘴角吊几片菜叶，头不停地甩或动作迟钝，或站在旁边不动，有此情形疑为有病，必须立即将其挑出，进行检查并隔离饲养。

124. 青年期种鹅为什么要在70~80日龄进行选择?

一般长至70～80日龄时，就可以达到选留后备种鹅的体重要求。此时应及时进行后备种鹅的选留工作，选留的合格种鹅可转入后备种鹅群，继续进行培育，对于不合格的后备种鹅可转入育肥群，进行肉用仔鹅育肥。一般是把品种特征典型、体质结实、生长发育快、羽绒发育好的个体留作种用。公、母鹅的基本要求是：公鹅要求体形大，体质结实，各部发育均匀，头大适中，两眼有神，喙正常无畸形，颈粗而稍长，胸深而宽，背宽长，腹部平整，脚粗壮有力，长短适中、距离宽，行动灵活，叫声响亮。选留公鹅数要按配种的公母比例多留20%～30%。母鹅要求体重大，头小适中，眼睛灵活，颈细长，体形长而圆，前躯浅窄，后躯宽深，臀部宽广。

125. 后备种鹅为何要限制饲养? 其目的和方法有哪些?

限制饲养一般从120日龄开始至开产前50～60天结束。后备种鹅经第二次换羽后，如供给足够的饲料，经50～60天便可开始产蛋。这一阶段应对种鹅采取限制饲养，可适时达到开产日龄，比较整齐一致地进入产蛋期。

(1) 限制饲养的目的 保证种群体重适中，通过合理饲养，使后备种鹅开产时平均体重比自由采食的减轻10%～25%，避免种鹅过肥；适时开产，能延缓性成熟及达到成熟一致，使种鹅群初产日龄较为集中，并比自由采食的平均推迟5～15天，避免了早产；提高种鹅生产性能，通过后备期正确饲养管理，种鹅进入繁殖期后，产蛋率可提高10%～15%；还可防止因过肥而影响母鹅生殖系统的发育和公鹅的配种能力；节省饲料，后备期种鹅通过合理限制饲养，比自由采食的节省饲料10%～25%；减少产蛋期种鹅死亡率，通过后备期增加运动量，增进了鹅的健康；后备期经严格选种，把部分可能不产蛋或产蛋少的种鹅淘汰掉。

(2) 限制饲养的方法 目前，种鹅的限制饲养方法主要有两种：一种是减少补饲日粮的饲喂量，实行定量饲喂；另一种是控制饲料的质量，降低日粮的营养水平。限制饲养时一定要根据放牧条件、季节以及鹅的体质，灵活掌握饲料配比和喂料量。控料阶段分前后两期。前期约30天，在此期内应逐步降低饲料的营养水平，每日的喂料次数由3次改为2次，尽量延长放牧时间，逐步减少每次饲料的喂料量。控料阶段母鹅的日平均饲料用量一般比生长阶段减少50%～60%。饲料中可添加较多的填充粗料（如米糠、酒糟等），目的是锻炼消化能力，扩大食道容量。粗蛋白水平可下降至8%左右，饲料配合可用谷物类50%～60%、糠麸20%～30%、填充料10%～15%。此时，如后备母鹅健康状况正常，可转入控料阶段后期。后备母鹅经控料阶段前期的放牧锻炼，采食青草的能力强，在草质良好的牧地，可不喂或少喂精料。在放牧条件较差的情况下每日喂料2次，喂料时间在中午和晚上9时左右。控料阶段后期为30～40天，此期的饲料配比为谷物类40%～50%、糠麸类20%～30%、填充料20%～30%。舍饲的后备种鹅日粮中要加喂

30%~50%的青绿饲料，供应饮水并注意补充矿物质及维生素。

126. 如何管理限制饲养期的后备种鹅？

(1) 合理分群 限制饲养阶段开始前，将鹅群按体重大小分为大、中、小三群，按不同分量喂料。体重中等的按限制饲养方案进行饲养，体重大的比方案少喂5%~10%的饲料，体重小的比方案多喂5%~10%的饲料。以后每周或每两周调整一次。

(2) 注意观察鹅群动态 在限制饲养阶段，随时观察鹅群的精神状态、采食情况等，发现弱鹅、伤残鹅等要及时剔除，进行单独的饲喂和护理。弱雏往往表现出行为呆滞，两翅下垂，食草没劲，两脚无力，体重轻，放牧时落在鹅群后面，严重者卧地不起。对于个别弱雏应停止放牧，进行特别管理，可喂以质量较好且容易消化的饲料，到完全恢复后再放牧。

(3) 放牧场地选择 应选择水草丰富的草滩、湖畔、河滩、丘陵以及收割后的稻田等。放牧前，先调查放牧地附近是否喷洒过有毒药物，如有则必须经1周以后，或下大雨后才能放牧。

(4) 注意防暑 放牧时应早出晚归，避开中午酷暑，早上天微亮就应出牧，上午10时左右将鹅群赶回圈舍，或赶到阴凉的树林下让鹅休息，到下午3时左右再继续放牧，待日落后收牧，休息的场地最好有水源，以便于饮水、戏水、洗浴。放牧时应防止雷阵雨的袭击，如走避不及可将鹅赶入水中。晚上可让鹅在运动场过夜，将鹅舍和运动场的门敞开，既有利于通风降温，又便于鹅自由进出。运动场上应点灯防止兽害。

(5) 搞好鹅舍的清洁卫生 每天清洗食槽、水槽，保持垫草和舍内干燥，定期进行消毒。育成初期的鹅抗病力还较弱，容易诱发一些疾病，最好在饲料中添加一些复合维生素等抗应激和保健药。放牧的鹅群易受到野外病原体的感染，应严格按照免疫程序接种小鹅瘟血清、禽流感疫苗、鸭瘟疫苗和禽霍乱疫苗。

(6) 限饲中注意事项 限制饲养阶段，无论给料次数多少，补

料时间应在放牧前 2 小时左右，以防止鹅因放牧前饱食而不采食青草；或在放牧后 2 小时补饲，以免养成收牧后有精料采食，便急于回巢而不大量采食青草的坏习惯。后备公鹅在控制饲养阶段中应与母鹅分群饲养，为了保持公鹅有一定的体重和健康的体质，饲料配比应全期保持在母鹅控料阶段前期的水平，每天补饲两次以上。但必须防止因饲料营养水平过高而提早换羽。

127. 鹅限饲恢复期饲养要点有哪些?

（1）逐步提高补饲日粮的营养水平，并增加喂料量和饲喂次数。日粮代谢能为 10.0～10.5 兆焦/千克，蛋白质水平控制在 15%～17%为宜。舍饲的鹅群应注意日粮中营养物质的平衡。这时的补饲，只定时，不定料、不定量，做到饲料多样化，青饲料要充足，增加日粮中钙的含量，经过 20 天左右的饲养，后备种鹅体重又会很快增加，体重可恢复到限制饲养前期的水平，促进生殖器官完全发育成熟，并为产蛋积累营养物质。

（2）在种鹅体重恢复后进行人工强制换羽，即人为地拔除主翼羽和副主翼羽。拔羽后加强饲养管理，提高饲料质量，饲料中粗蛋白为 12%～14%。后备公鹅的精料补饲应提早进行，公鹅的拔羽期可比母鹅早 2 周左右进行。

（3）开始时喂料量不能提高得过快，应注意有一个过程，一般经 4～5 周过渡到自由采食，刚开始自由采食的鹅群采食量可能较高，几天后会恢复到正常水平，即每只每天采食配合饲料 80～250 克。

（4）如果公母鹅分开饲养，则在母鹅开产前 1 个月左右将公鹅放入母鹅群。混群前应对公母鹅进行免疫和驱虫等工作。

128. 鹅健康养殖如何准备育成记录?

（1）成活率　在育雏期结束后进入育成期时，同样要记录每周的死亡数，对于一些残疾或其他原因引起的不能正常生长或者失去商品价值的鹅要及时进行淘汰以降低损失，并记录在案（表 5-6）。

表 5-6 育成记录表

日期	日龄	存栏数			死淘数		喂料量	温度	天气	光照	备注(用药、防疫、采血等)	饲养员签名
		公	母	合计	公	母						

$$育成鹅成活率=\frac{育成期末成活的育成鹅数}{育雏期末入舍雏鹅数}\times 100\%$$

(2) 体重数据 育成期同样要称量每周体重，每次称重数量至少 60 只（公、母各半），称重前需断料 8 小时以上，以便于了解育成过程中雏鹅是否生长正常。并将这些数据记录到专用记录本。也有些鹅场就称育成期末体重和育雏期末体重。

育成期增重＝育成期末体重－育雏期末体重

$$育成期相对生长速度(\%)=\frac{育成期末体重-育雏期末体重}{育成期末体重}\times 100\%$$

(3) 耗料数据 耗料数据的采集方式同育雏期。

(4) 体尺数据 鹅在育成期间还需要采集鹅体尺方面的数据，体尺测量时除胸角用胸角器测量外，其余均用卡尺或皮尺测量，单位以厘米计，测量值取小数点后一位。记录于表 5-7。

表 5-7 体尺记录表

序号	脚号	性别	体重	体斜长	胸深	胸宽	胸骨长	胫长	胫围	半潜水长

① 体斜长 用皮尺体表测量肩关节至坐骨结节间距离。

② 龙骨长 用皮尺在体表测量龙骨突前端到龙骨末端的距离。

③ 胸深 用卡尺在体表测量第一胸椎到龙骨前缘的距离。

④ 胸宽 用卡尺测量两锁骨关节间的距离。

⑤ 胫长　用卡尺测量从胫部上关节到第三、四趾间的直线距离。

⑥ 胫围　用皮尺测量胫部中部的周长。

⑦ 半潜水长　用皮尺测量从嘴尖到髋骨连线中点的距离。

129. 种鹅开产前如何选种定群?

种鹅定群在开产前（180 日龄左右）进行，确定公母配种比例，淘汰不合格的公母鹅。优秀公鹅表现昂首阔步、叫声洪亮、头大额宽、肉瘤发达端正、喙不过长、眼有神、颈粗大、体大健壮、体躯呈方形，各部匀称，胫长、脚粗大且间距宽，并进一步检查性器官的发育情况，严格淘汰阴茎发育不良、阳痿和有病的公鹅，选留阴茎发育良好、性欲旺盛、精液品质优良的公鹅；母鹅表现母性好、温驯、体态丰满、面部清秀、颈不过短、胸深腰腹阔、被毛紧密有光泽。将入选种鹅分成每群 120 只左右，饲养效果较好，又便于管理，公母比为 1∶(5～6)。

130. 种鹅开产前饲养管理要点有哪些?

(1) 日粮营养要满足产蛋种鹅的营养需要　日粮的营养水平：粗蛋白 16%～17.5%、粗纤维 5%～6%、钙 2.20%～2.60%、磷 0.6%～0.7%、赖氨酸 0.69%、蛋氨酸 0.32%、食盐 0.3%。每天饲喂 3 次，每只鹅日喂量 150～200 克，夜间 11 时左右喂一次料效果更好。另外，要经常供给 20%～25%的青绿饲料，在鹅舍内和运动场上设置料盆，并添加干净的贝壳粒让鹅自由采食，以满足种鹅对矿物质的需要。种鹅产蛋前 1 个月开始补料。

(2) 加强放牧　充分利用天然青绿饲料的资源，降低饲养成本，又可进一步锻炼鹅群体质，防止过肥，保持良好的种用体况。由于鹅群已接近开产，体大而行动过缓，放牧路线要缩短，不可急赶久赶。

(3) 适当补饲　增加精料的比例，谷实类占 45%～55%。还要注意日粮中营养物质的平衡。可根据情况每昼夜补喂精料 2～3

次，促使其生理机能早日健全。两岁以上的种鹅经过休产期进入产蛋前期的，当主翼羽和副主翼羽换完以后，即开始增加精料的比例，一般每昼夜补喂精料 2～3 次。根据鹅的粪便状况可判断用料是否适当，如鹅粪粗大、松软，用脚一拨可分成几段，说明鹅吃的料比较适当；鹅粪细小结实、断截面呈粒状，说明鹅吃的精料过多，应该增加青绿饲料的喂量。

(4) 肥瘦适宜 如鹅过肥可将其关几天，只给饮水，少喂或不喂精料；过瘦的鹅要增加精料的比例，否则将会影响开产的时间。母鹅除补喂饲料外，还应喂沙砾和贝壳，也可将沙砾和贝壳撒在运动场上，让鹅群自由采食。

(5) 驱虫防疫 要保持舍内外环境的清洁卫生和垫料的干爽，供给充足的饮水。另外，在这个时期还应对种鹅进行 1 次驱虫，并对母鹅注射 1 次小鹅瘟疫苗。

(6) 养好公鹅 要提早给公鹅补料，促进其提前换羽恢复体质，以便在母鹅开产前有充沛的精力进行配种。并要根据不同的品种，调整好公母鹅的配种比例。

(7) 临产判定 从体态上观察，临产母鹅行动迟缓，腹部饱满松软有弹性，耻骨间距离宽；从羽毛上观察，临产母鹅羽毛光泽，尾羽与背平直，腹下及肛门附近羽毛平整，全身羽毛紧凑，尤其颈羽坚实光滑，肛门周围羽毛呈菊花状；从食欲上观察，临产母鹅食欲增大，开产前 10 天左右即在周围或运动场上寻找贝壳等矿物质饲料；从交配上观察，临产母鹅主动寻求接近公鹅，下水时频频上下点头，要求交配，或母鹅与母鹅互相爬踏并有衔草做窝现象，即说明已临近开产期。

131. 种鹅在产蛋前期有哪些注意事项?

(1) 保温变料，严防换羽 冬季保证室温 5℃以上，同时，变育成期饲料为产蛋期饲料，防止“饥寒交迫”导致鹅换羽。

(2) 人工补光，增加光照 人工补充光照，弥补自然光照的不足，促使母鹅在冬春季节增加产蛋数。

(3) 精选公鹅，保证受精率 在开产前30～35天，对所留种公鹅逐个检查阴茎发育和有无损伤等情况，及时淘汰不合格公鹅。

(4) 注射疫苗，完成驱虫 在母鹅开产前1个月左右，根据本地传染病流行特点，有针对性地对鹅群进行疫苗注射，并驱虫一次。疫苗注射应包括小鹅瘟、禽流感、鹅副黏病毒病等。

132. 种鹅在产蛋期需要注意哪些环境条件?

(1) 产蛋鹅的环境 夏季天气温度高，鹅常停产，公鹅精子无活力。春节过后气温虽较寒冷，但鹅只仍可陆续开产。公鹅精子活力较强，受精率也高。母鹅产蛋的适宜温度是8～25℃，公鹅配种繁殖的适宜温度是10～25℃。在管理产蛋鹅的过程中，应特别注意做好夏季的防暑降温工作。

(2) 产蛋鹅的适宜光照时间 采用自然光照加人工光照，每日应不少于15小时，通常是16～17小时。补充光照应在开产前一个月开始较好，由少到多，直至达到适宜光照时间。

(3) 鹅舍的通风换气 及时清除粪便、垫草，要经常打开门窗换气。冬季为了保温取暖，鹅舍门窗多关闭，但舍内要有换气孔，经常打开换气孔换气，始终保持舍内空气的新鲜。

(4) 搞好舍内卫生，防止危害 舍内垫草须勤换，使饮水器和垫草隔开，以保持垫草有良好的卫生状况。垫草一定要清洁，不霉不烂。舍内要定期消毒，特别是春、秋两季结合预防注射，将料槽、饮水器和积粪场围栏、墙壁等鹅经常接触的场内环境进行一次大消毒，以防疾病的发生。

(5) 合理交配 鹅的自然交配在水面上完成，除了东北鹅可在陆地上配种外，大多数鹅需在水上配种。因此，要提供一合适水塘或水池让鹅配种用。

(6) 搞好放牧管理 母鹅产蛋期间，应就近放牧，避免走远路引起鹅群疲劳以及便于母鹅回舍产蛋。放牧过程中，特别应注意防止母鹅跌伤、挫伤而影响产蛋。

(7) 防止应激 很多环境因素都会引起鹅发生应激反应，如恐惧、惊吓、斗殴、兴奋、拥挤、粗暴操作、随意捕捉及不定时的饲喂等，都会影响鹅的生长发育和产蛋数。所以，不要轻易改变鹅的环境条件，尤其是进入产蛋阶段的鹅群。

(8) 产蛋期每日操作规程 挑出死、病弱残个体（淘汰）→拣蛋→仔细观察产蛋鹅精神状态→观察粪便情况→听叫声→饲喂青饲料→给饲精料→观察采食情况→记录→打扫卫生→消毒或防疫→配料。

133. 在鹅产蛋期为什么要增加光照？ 怎样增加?

在适宜的环境条件下，给鹅增加光照可提高产蛋量。采用自然光照加人工光照，每日应不少于 15 小时，一直持续达到适宜光照时间。增加人工光照的时间分别在早上和晚上。不同品种在不同季节所需光照也不一样。应当根据季节、地区、品种、自然光照和产蛋周龄，制订光照计划，按计划执行，不得随意调整。舍饲的产蛋鹅在日光不足时可补充电灯光源，光源强度以 2～3 瓦/平方米较为适宜，每 20 平方米面积安装一只 40～60 瓦灯泡较好，灯与地面距离 1.75 米左右为宜。补充光照应在开产前 1 个月开始较好，由少到多，直至达到适宜光照时间。但不同品种在不同季节所需光照不同，如我国南方的四季鹅，每个季节都产蛋，所以在每季所需光照也不一样。

134. 公母鹅合理的选配比例是多少?

公母配种比例对种蛋受精率有直接影响，公鹅过多，不仅浪费饲料，还会引起争斗、争配，使受精率下降；公鹅过少，有些母鹅得不到配种，受精率也下降。由于鹅的品种不同，公鹅的配种能力也不同。一般小型品种公母配比 1∶(6～7)，中型品种 1∶(4～5)，大型品种 1∶(3～4)。开产前 4～5 周将公母鹅进行混群有利于公鹅与母鹅的熟悉，即便是发现某只公鹅有交配偏爱性也便于及早调整。

135. 产蛋期种鹅的饲料与饲喂有什么要求?

由于种鹅连续产蛋，消耗的营养物质特别多，特别是蛋白质、钙、磷等营养物质。如果饲料中营养不全面或某些营养物质缺乏，则易造成产蛋量的下降，种鹅体况消瘦，最终停产换羽。因此，产蛋期种鹅日粮中蛋白质水平应逐渐增加到18%～19%，才有利于提高母鹅的产蛋量。

随着鹅群产蛋率的上升，要适时调整日粮的营养浓度。建议产蛋初期母鹅日粮营养水平为：代谢能10.88～12.13兆焦/千克、粗蛋白15%～17%、粗纤维6%～8%、赖氨酸0.8%、蛋氨酸0.35%、胱氨酸0.27%、钙2.25%、磷0.65%、食盐0.5%。参考饲料配方：玉米63.5%、豆粕15%、芝麻饼7.0%、麦麸5.0%、菜籽饼1.3%、石粉4.6%、磷酸氢钙1.7%、食盐0.4%、预混料1.5%。

产蛋期种鹅一般每日补饲3次，早上9:00喂第一次，然后在附近水塘、小河边休息，草地上放牧；中午喂第二次，然后放牧；傍晚回舍在运动场上喂第三次。回舍后在舍内放置矿物质饲料和清洁饮水，让其自由采食饮用。具体补饲量应根据鹅的品种确定，一般大型鹅种180～200克、中型鹅种130～150克、小型鹅种90～110克。补饲量是否恰当，可根据鹅粪来判断，如果粪便粗大、松软呈条状，轻轻一拨就分成几段，说明鹅采食青草多，消化正常，用料适合；如果粪便细小结实，断面呈粒状，则说明采食的青草较少，补料量过多，消化吸收不正常，容易导致鹅体过肥，产蛋量反而不高，可适当减少补料量；如果粪便色浅而不成形，排出即散开，说明补饲用量过少，营养物质跟不上，应增加补饲量。喂料要定时定量，先喂精料再喂青料，青料可不定量，让其自由采食。

136. 产蛋期种鹅的饮水要求有哪些?

产蛋期种鹅的饮水按照“清洁、充足”的要求供给。饮水器要设在舍内和室外运动场中，让鹅在这些活动场所都能够随时喝到水。保证饮水器内水的深度，以免影响鹅的饮用。饮水器中的水要及时更换，每次更换水时把饮水器冲洗干净，以免让饮水受污染。

137. 如何减少窝外蛋的产生?

(1) 提前在鹅舍内安放充足的产蛋箱 当母鹅临产前半个月左右，应在舍内墙周围放产蛋箱。产蛋箱的规格是：宽 40 厘米、长 60 厘米、高 50 厘米，门槛高 8 厘米，箱底铺柔软的垫草。每 2～3 只母鹅设一个产蛋箱，产蛋箱数量不要太少，免得待产母鹅争窝。

(2) 产蛋箱的位置不要随意调整 母鹅有择窝产蛋的习惯，第一次在哪个窝里产蛋，以后就一直在哪个窝里产蛋，如原来的产蛋箱被移动后，鹅会拒绝产蛋或随地产蛋，因此不要轻易改变产蛋箱的位置。

(3) 训练母鹅在窝内产蛋 新鹅开产往往不识产蛋箱，因此，要注意鹅的动态，发现尾羽平伸、行动迟缓、鸣叫不安，并有寻找窝产蛋的表现时，应及时将其捉回产蛋箱，防止产窝外蛋。地面饲养的母鹅，大约有 60%习惯于在窝外地面产蛋，有少数母鹅产蛋后有用草埋蛋的习惯，以致往往踩坏种蛋，造成损失。发现有鹅在舍外产蛋时，应及时将鹅和蛋一起带回鹅舍，放在产蛋箱内作“引蛋”，以调教鹅养成在舍内、窝内产蛋的习惯。

(4) 要摸清母鹅的产蛋规律 母鹅产蛋大多数在下半夜至上午 10 点以前，部分鹅下午产蛋。早上放牧前要检查鹅群，如发现有先兆的母鹅，应放置于产蛋箱内待产，而不要随大群放牧。产蛋鹅的放牧地点应选择在鹅舍附近，便于母鹅产蛋时及时回舍。

138. 如何安排产蛋期鹅群的运动?

适当的运动有助于提高种鹅的体质，有利于种鹅的生产性能，只要不是大风和雨雪天气，当外界温度高于 3℃的情况下就可以让鹅群到室外陆地运动场和水上运动场活动。正常情况下鹅群在室外活动每天不少于 4 小时。

139. 产蛋期鹅群能否放牧?

鹅在产蛋期应有一定的放牧时间。在放牧中鹅能得到充分的阳光、水浴和交配，并觅食青绿饲料。对产蛋鹅的放牧地点，应着重考虑水源，选择清洁池塘或流动水面，水深1米左右，便于鹅交配和洗澡。放牧地应在水源附近，地势平坦，富有牧草，以便鹅只活动和采食。

放牧应在产蛋基本结束后进行，在上午7～8时出牧；放牧前要检查鹅群，如发现个别母鹅鸣叫不安，腹部饱满，尾羽平伸，泄殖腔膨大，行动迟缓，有觅窝的表现，可用手指伸入母鹅泄殖腔内，触摸腹中是否有蛋，如有蛋应将母鹅放入产蛋窝内，不要随大群放牧；放牧时如果发现母鹅出现神态不安，有急欲跑回鹅舍、寻窝产蛋的表现，或向草丛等隐蔽处走去时，应及时将鹅捉住检查，如果腹中有蛋，则将该鹅送到产蛋箱内产蛋，待产完蛋就近放牧。上午放牧场地应尽量靠近产蛋棚，上午应在11时左右收牧，下午16时左右收牧，力争每天让鹅吃4～5个饱。放牧时要防阳光暴晒、中暑，如遇暴风雨要及时赶回舍内。

放牧与放水要有机结合。因为鹅每吃一个饱后，鹅群会自动停止采食，此时则需放水，使鹅游泳和休息。另外，公、母鹅交配习惯在水上进行，一般早上7～9时是鹅配种最好时机，这时鹅只刚一出牧，就先进入水中游泳交配，交配后才上岸采食。采食一段时间后，又进入水中，有的还要进行交配。

140. 如何防止产蛋鹅群的惊群?

(1) 环境要求 舍内饲养密度要适当，要根据鹅的体形大小等具体因素来考虑。以籽鹅为例，舍内饲养密度为3只/平方米。饲养密度不可过大，以保证种鹅饮水、采食和配种的需要。地面平养，要在舍内地面上铺置稻草等垫料，并定期更换和晾晒，以免种鹅受凉和传播疾病。注意通风换气，保持空气新鲜，舍内湿度不宜过高，尽量保持65%以下。饮水器每天清洗；舍内外定期消毒。

产蛋初期正值早春，因此要做好防寒保暖工作。光照是影响产蛋性能的一个重要因素，采用自然光照加人工光照，每日应不少于15小时，通常是16～17小时。补充光照应在开产前一个月开始较好，由少到多，直至达到适宜光照时间。

(2) 减少应激 种鹅产蛋期间应避免各种不良应激的发生，如饲料的突变、突然停电、驱赶、气候变化、惊吓、饲养密度过大、随意捕捉等，所有的这些应激都会影响母鹅的产蛋量。因此，在产蛋期间严禁转舍、调群，工作程序规范化、合理化，饲养人员要固定，舍内清粪时鹅不能在舍内。此外，种鹅在产蛋期应禁止使用磺胺类药物、呋喃类药物、抗球虫类药物、金霉素和四环素等药物，因为这些药物都有抑制产蛋、影响配种的副作用，会影响产蛋、孵化及雏鹅的质量。

(3) 产蛋管理 母鹅产蛋时间多在下半夜至上午10时左右。初产蛋时，要训练母鹅在产蛋棚内产蛋，若发现在外产蛋，应将母鹅和蛋一起带回产蛋棚，放进箩筐盖住，使其逐步养成回巢产蛋的习惯。每天要捡蛋3～5次，以免种蛋受污染或损坏。鹅群产蛋环境要保持安静，严禁人畜驱赶或追逐。另外，母鹅在产蛋期间腹部饱满，行动比较迟缓，放牧时要选择路近而平坦的草场，并做到慢慢驱赶，上下坡时防止鹅群拥挤，以免践踏损伤。

141. 为什么要减少种鹅的混群？ 如何防止？

鹅的合群性虽然很强，但是一直生活在一起的鹅才彼此熟悉，很容易和平相处，一旦混群就会出现欺生现象，甚至会引起争斗，从而影响采食和产蛋。另外，公、母鹅配偶有相对固定的习惯，特别是用于生产种蛋的鹅，更不宜混群，不然会影响受精率，生产中应尽量避免不必要的混群。

防止措施包括鹅舍之间的围墙或栅栏要达到一定高度，一般要高于80厘米，防止个别鹅串群；运动场和水池要设置围栏，防止戏水或活动时混群；放牧鹅群注意分群放牧或依次放牧，离群个体及时驱赶或赶回原圈舍。

142. 为什么要注意检查公鹅的配种能力？如何检查？

（1）检查的目的是保证鹅群的繁殖力和后代质量。

（2）检查方法可以采用按摩采精的方法进行：一人双手抓住腿和翅膀，尾部朝前把公鹅保定在长凳的一端，另一人站在鹅的左侧用左手在鹅的背腰部前后按摩 4～7 次，同时用右手在鹅的肛门下方按摩。然后，左手大拇指和食指捏在肛门两侧，右手大拇指和食指捏在肛门上下，交替按压，公鹅的外生殖器官就会伸出并排出精液。这时检查其外生殖器官有无畸形和精液质量，以确定其种用价值。公鹅中有 20%～30% 的个体有外生殖器官畸形或精液质量不良的问题，如果不严格选择则会严重影响配种效果。

143. 如何提高种蛋的受精率？

（1）人工授精 人工授精可以使单羽公鹅配种的母鹅数大大增加，从而扩大优秀种公鹅的影响力，充分发挥其繁殖性能潜力。

（2）选好公鹅 在母鹅产蛋前进行。应选择体大毛纯，胸厚，颈、脚粗长，两眼有神，叫声洪亮，行动灵活，具有雄性特征的公鹅；手执公鹅的颈部提起离开地面时，公鹅两脚做游泳样猛烈划动，同时两翅频频拍打。特别要检查公鹅的阴茎，淘汰阴茎发育不良的公鹅。还应进行公鹅精液品质检测，淘汰精液品质差的公鹅。

（3）选好母鹅 母鹅应在产蛋前 1 个月严格选择定群。母鹅选择的标准是：外貌清秀，前躯深宽，臀部宽而丰满，肥瘦适中，颈较细长，眼睛有神，两脚距离适中，全身被毛细而实。腹部饱满，触摸柔软而有弹性。肛门羽毛形成钟状。特别检查耻骨端是否柔软而有弹性，耻骨间距应在二指宽以上。

（4）科学的公母鹅比例 根据所饲养鹅的品种要求，合理搭配公母鹅。一般小型品种公母配比 1∶(6～7)，中型品种 1∶(4～5)，大型品种 1∶(3～4)。

（5）把握合适的“放水”时机 鹅的交配时间贯穿整个白天，

但是上午 9 点前后和下午 5 点前后比较集中。因此，种鹅的“放水”时间也应该安排在其交配高峰时期，每次“放水”时间 1～2 小时。

(6) 适时更新种鹅 公鹅的利用年限一般为 2 年，不超过 3 年；母鹅一般利用 3 年，不超过 4 年。在每年产蛋快结束时，要对鹅群进行严格的选择淘汰，同时补充新的公母鹅。规模化的养鹅场饲养种鹅，提倡采用全进全出制，不提倡不同年龄的种鹅同群饲养。这种情况下，鹅群一般可利用 3 年，然后一次性淘汰。

(7) 减少公鹅的择鹅现象 由于择偶行为的存在会导致部分母鹅没有配种机会，因此，公母鹅的组配要早，如发现某只公鹅只与某只母鹅或几只母鹅固定配种时，应及时将这只公鹅隔离，经 1 个月左右，才能使公鹅忘记与之固定配种的母鹅，而与其他母鹅交配，有利于提高受精率。

144. 如何进行种鹅的人工辅助配种?

人工辅助配种方法是先把公、母鹅放在一起，使之互相熟悉，经过反复的配种训练建立条件反射，当把母鹅按在地上、尾部朝向公鹅时，公鹅即可跑过来配种。一般情况下，公鹅 1～3 天采精 1 次，母鹅每 5～6 天输精 1 次。1 只公鹅的精液可供 12 只以上母鹅输精。

145. 如何提高鹅种蛋的外观质量?

种鹅生产不仅要设法提高其产蛋量，还应该注意保证良好的种蛋外观质量。

(1) 种蛋的收集 鹅的产蛋时间相对比较分散，上、下午都有产蛋。种蛋收集要及时，否则会影响到种蛋质量，因此上、下午各需要捡蛋两次。另外，不同鹅群所产的蛋要分开放置。

(2) 保持蛋壳的清洁 合理设置产蛋窝、减少窝外蛋，产蛋箱的规格是：宽 40 厘米、长 60 厘米、高 50 厘米，门槛高 8 厘米，箱底铺柔软的垫草。每 2～3 只母鹅设一个产蛋箱，产蛋箱数量不

要太少，免得待产母鹅争窝。保持鹅舍内地面的干燥，要注意适当通风、及时更换或加铺垫草，尤其是产蛋槽内的垫草必须定期更换，饮水设备的位置要固定并能够防止鹅踏入其中。

(3) 适度补钙 保证在饲料中钙磷等矿物质的含量外，还可在运动场放置贝壳粉补饲槽，任鹅自由采食。

(4) 防止种蛋受冻 冬季是种鹅的重要繁殖季节，但外界的低温对于种蛋质量的保持是非常不利的，尤其是在低于3℃的条件下会明显影响孵化效果。防止种蛋受冻一是要及时捡蛋，二是要求温度在10～20℃。

146. 如何处理就巢鹅?

我国许多鹅品种在产蛋期间都表现出不同程度的就巢性（抱性），对产蛋量造成很大的影响。如果发现母鹅有恋巢表现时，应及时隔离，将其关在光线充足、通风凉爽的地方，只给饮水不喂料，2～3天后喂一些干草粉、糠麸等粗饲料和少量精料，使其体重不过于下降，待醒抱后能迅速恢复产蛋。也可使用市场上出售的"醒抱灵"等药物促其醒抱。

147. 提高种鹅繁殖力的措施有哪些?

(1) 选择优良品种 我国是世界上鹅品种资源最丰富的国家，其中不乏繁殖力高的地方品种，如东北的豁眼鹅年产蛋量能够超过100个，被誉为"鹅中来航"。如果考虑种鹅的繁殖力和仔鹅的生长速度，需要考虑使用早期生长快、体形较大的品种作杂交父本；使用产蛋量较高、体重较轻的品种作杂交母本。

(2) 优化鹅群结构 在生产中要及时淘汰过老的公母鹅，补充新的鹅群。

(3) 做好配种工作 一般大型鹅种其公母比例为1∶(3～4)，中型为1∶(4～6)，小型为1∶(6～7)。种鹅场应保持水质清洁，提高种蛋的受精率。有些品种的公母鹅体格相差悬殊，自然交配困难，受精率低，此时可采用人工辅助的配种方法。

(4) 保证鹅群健康 尽管鹅的抗病能力强，但是仍然有一些疾病会对成年种鹅的健康造成危害。常见的传染病有大肠杆菌病、鹅的鸭瘟、禽霍乱等。这些传染病可以通过接种疫（菌）苗、定期使用抗生素进行预防。做好平时的卫生预防工作是保证鹅群健康的重要条件。

(5) 饲喂全价配合饲料 产蛋种鹅每千克配合日粮含代谢能为10.3～10.7兆焦，粗蛋白16%～17%，钙磷比为（2.5～3）∶1。配合日粮应以优质青绿多汁饲料和精饲料为主，同时补充维生素、矿物质。实行自由饮水，自由放水。为提高种鹅的产蛋量和种蛋受精率，应以全价配合饲料喂种鹅。

(6) 合理光照 一般光照时间为13～14小时，光照强度为25勒克斯就可满足鹅产蛋、配种的需要。适时延长光照时间，可使鹅的产蛋期延长，可提高产蛋量，增加全年的种蛋量，有利于种蛋利用率的提高。

148. 什么是鹅的休产期？种鹅休产期的饲养和管理要点有哪些？

母鹅经过大约6个月的产蛋期，进入4月中旬之后产蛋明显减少，受精率逐渐降低。一般情况下，到5月鹅群基本停止产蛋，进入休产期。休产期种鹅饲养管理上应注意以下几点。

(1) 降低营养水平 进入休产期的种鹅应以放牧为主、舍饲为辅，补饲糠麸等粗饲料，将产蛋期的日粮改为育成期日粮。其目的是消耗母鹅体内的脂肪，使羽毛干枯，便于拔羽，可缩短换羽时间；还可以提高鹅群耐粗饲的能力，降低饲养成本。这段时间的饲养是关键，过肥、过瘦都会影响鹅的生殖机能，产蛋前一个月注射小鹅瘟疫苗。

(2) 调整饲喂方法 种鹅停产换羽开始，逐渐停止精料的饲喂，并逐渐减少补饲次数，开始减为每天喂料1次，后改为隔天1次，逐渐转入3～4天喂1次，12～13天后，体重减轻大约1/3，然后再逐渐恢复喂料。拔羽后应加强饲养，公鹅每天喂3次，母鹅喂2次，使鹅群达到一定的肥度，有利于早点进入下一个产蛋期。

149. 怎样给休产期种鹅实行强制换羽?

人工强制换羽是通过改变种鹅的饲养管理条件，促使其换羽。换羽之前，首先清理鹅群，淘汰产蛋性能低、体形较小、有伤残的母鹅以及多余的公鹅；其次是停止补充光照，停料2～3天，只提供少量的青饲料，但要保证充足的饮水；第4天开始喂给由青料加糠麸、糟渣等组成的青粗饲料；第10天左右试拔主翼羽和副翼羽，如果试拔不费劲，羽根干枯，可逐根拔除，否则应隔3～5天后再拔，最后拔掉主尾羽，躯体上的羽毛也会逐渐脱落。拔羽后当天鹅群应圈养在运动场内喂料、喂水，不能让鹅群下水，防止细菌污染，引起毛孔发炎。拔羽后一段时间内因其适应性较差，应防止雨淋和烈日暴晒。供给优质青饲料和精饲料，并要注意在饲料中增加矿物质饲料。如1个月后仍未长出新羽，则要增加精料喂量，尤其是蛋白质饲料，如各种饼粕和豆类。

在规模化饲养的条件下，往往把鹅群的强制换羽和活拔羽绒相结合，即在整群和分群后，采用强制换羽的方法处理后，对鹅群适时活拔羽绒。这样既可以增加经济效益，又可以使鹅群开产整齐，便于管理。

150. 休产期后期鹅只的饲养管理?

(1) 做好产蛋前的准备工作

① 对鹅群进行一次选优淘劣工作　对于后备种鹅，要选留那些膘度适中，体形、外貌、毛色符合本品种要求的母鹅。对于经产种鹅，参考以往的产蛋记录，选留种母鹅。公鹅则要求阴茎发育正常，雄性强。

② 免疫驱虫　休产后期，即开产前30天左右，对鹅群逐只进行小鹅瘟、副黏病毒病和雏鹅新型病毒性肠炎等疫苗的注射，同时进行1～2次药物驱虫。

③ 合理组群。每群60～100只，并保持适当的公母比例。另

外，留 3%左右的后备公鹅。

(2) 调整饲料营养 从开产前的 3 周开始由育成期饲料逐渐过渡为产蛋期饲料，精料、青料比例大体是 7∶3。白天饲喂以青绿饲料为主，晚上则以精饲料为主。

(3) 强化管理 种鹅即将进入产蛋期，对环境变化格外敏感。因此，必须强化管理，做好清理、消毒工作。严禁场外人员进入鹅舍，以保持安静。

151. 什么是合理的鹅群结构?

在生产中要及时淘汰过老的公母鹅，补充新的鹅群。母鹅前 3 年的产蛋量最高，到第 4 年开始下降。通常，第二年的鹅比第一年多产蛋 15%～25%，第三年比第一年多产蛋 30%～50%，所以一般母鹅利用年限为 3～4 年。公鹅利用年限也不宜超过 5 年。适宜的鹅群结构应为 1 岁鹅占 30%，2～3 岁鹅占 60%，4 岁鹅占 10%。

152. 什么是反季节鹅? 如何开展种鹅反季节生产工作?

(1) 反季节鹅的概念 鹅的反季节繁殖技术是指在自然条件下种鹅不能繁殖的季节，通过调控光照、温度等环境因素结合强制换羽使其持续高效地进行生产的一种技术。鹅的繁殖具有明显的季节性，我国大部分地区种鹅一般从每年的 9 月开产到次年 4～5 月停产。鹅随季节性变化的繁殖特性，导致鹅种供应不平衡，市场价格波动较大。季节性繁殖活动造成了雏鹅生产和供应的季节性显著变化，每年的 5～8 月，种鹅停产，出现鹅苗和肉用仔鹅短缺现象，不能满足市场需求。目前，反季节繁殖技术在我国广东、台湾和山东等地研究得比较深入，而且已经在生产中推广应用。

(2) 种鹅的反季节生产工作

① 种鹅选择 鹅反季节繁殖有两种情况：一是适时留种培育反季节产蛋种鹅，即通过选择适当的留种时间，同时控制光照和温度条件，使鹅群反季节产蛋；二是在传统饲养的种鹅中培育反季节

产蛋种鹅，通过强制换羽提前或延迟常规开产时间，使鹅群达到反季节产蛋的目的。进行反季节繁殖的种鹅，母鹅要选择产蛋多、后代生长快的鹅种或杂交组合，如四川白鹅或川府肉鹅、长白2号等父母代以及莱茵鹅（♂）×豁眼鹅（♀）、皖西白鹅（♂）×四川白鹅（♀）等杂交组合。这些种鹅的母鹅年产蛋可达80～100个，后代70日龄体重可达3.5千克左右，种鹅的繁殖性能和商品代增重速度都很好。

② 强制换羽　强制换羽是改变种鹅产蛋时段的关键措施之一，通过强制换羽能有效调控种鹅的产蛋期，并将产蛋高峰集中在较理想的一段时间内；可以利用传统饲养的种鹅进行反季节生产，强制换羽全过程需60～90天。如10月10日留的种苗，在1月份进行强制换羽，4月底开始产蛋，6月份进入产蛋高峰。

③ 控制光照　人工控制光照的鹅舍可以为敞开钟楼式砖瓦舍或沥青纸舍，设有水上和陆地运动场，舍内饲养密度为每平方米2～4只，陆上和水上运动场的密度为每平方米1～2只。鹅舍两纵面装配可活动的黑布帘，起遮光作用，钟楼玻璃窗涂黑。每天下午5:30将种鹅赶进遮光鹅舍，遮光过夜，钟楼玻璃窗关闭，供应充足的饮水，次日早晨7:30揭起黑布帘并打开钟楼玻璃窗，将鹅放出运动场配种、喂料。每天接受自然光照的时间控制在10小时。

④ 控制温度　反季节种鹅进入产蛋期，正值夏季高温季节(6～8月份)，自然条件下的环境温度超过种鹅产蛋的最适范围，对繁殖不利，因此要进行人工调控。在低海拔地区，一般采用空调或湿帘降温系统降低鹅舍温度，在海拔较高的地区，可直接利用凉爽的自然环境。采用湿帘降温时在进风口处设置湿帘，使外界热空气经过冷却之后再进入鹅舍，湿帘的下端不得低于鹅床的高度，宽度可比鹅舍宽度窄些，鹅舍的另一端装有排气扇。使用湿帘时，可在温度升高之前打开，下午降温后关闭。降温方法还可以用以下几种方式：用水冲洗运动场；对鹅舍房顶和运动

场遮阳网上人工洒水；开启鹅舍门窗和排风扇，加大通风散热、除湿功能。

⑤ 营养调控　包括种鹅育成期、强制换羽期和产蛋期的饲料控制。在种鹅（常规和反季节种鹅）育成期，饲养以青粗饲料为主、精饲料为铺，达到扩大胃肠容积、锻炼消化机能、使性成熟与体成熟同步的目的。强制换羽拔毛前控料，促进换羽为前提，以停供和缓增为主。其中从完全停料（4～5天后）到拔毛时的六七成饱阶段，饲喂量需逐步增加。拔毛后至产蛋前控料，以尽快恢复和蓄积产蛋所需营养物质为前提，以增量为主。产蛋期控料，以满足产蛋需要、提高受精率和孵化率为前提，以质优、均衡、营养全面、自由采食为主。当前在有些地方无种鹅（产蛋鹅）专用配合饲料的情况下，反季节种鹅的日粮，可采用市售种鸭成品料再添加能量饲料（玉米面、大麦）、青饲料等，按比例混合搭配。

⑥ 减少应激　采用人工控制光照制度，改变了鹅舍的小气候环境和种鹅的生活节奏，使鹅的生理状态和外貌也发生相应的变化。尤其在控制光照初期，由于鹅舍突然变黑，鹅表现为情绪紧张，稍有动静就惊恐不安，需要一段时间才能逐步适应。

153. 鹅健康养殖如何准备产蛋记录？

(1) 开产日龄　个体记录以产第一个蛋的平均日龄计算。群体记录中，鹅按日产蛋率5%的日龄计算。

(2) 产蛋量

① 按入舍母鹅数统计。

$$\text{入舍母鹅产蛋量（个）}=\frac{\text{统计期内的总产蛋量}}{\text{入舍母鹅数}}$$

② 按母鹅饲养日数统计。

$$\text{母鹅饲养日产蛋量（个）}=\frac{\text{统计期内的总产蛋量}}{\text{统计期内平均饲养母鹅数}}$$

如果需要测定个体产蛋记录，则在晚间，逐个捉住母鹅，用中指伸入泄殖腔内，向下探查有无硬壳蛋进入子宫部或阴道部，这就是所谓的“探蛋”。将有蛋的母鹅放入自闭产蛋箱内，待次日产蛋后放出。如果是测量少量的母鹅，而自闭产蛋箱比较多的情况下，可以让产蛋鹅自己进入产蛋箱，等到次日收蛋时再放出。

(3) 产蛋率 产蛋率即母鹅在统计期内的产蛋百分比。

① 按入舍母鹅计算。

$$入舍母鹅产蛋率=\frac{统计期内的总产蛋量}{入舍母鹅数\times 统计日数}\times 100\%$$

② 按饲养日计算。

$$饲养日产蛋率=\frac{统计期内的总产蛋量}{实际饲养日母鹅只数的累加数}\times 100\%$$

注：统计期内总产蛋量指周、月、年或规定期内统计的产蛋量。

(4) 蛋重

总蛋重(千克)=平均蛋重(克)×平均产蛋量(个)÷1000

平均蛋重：从300日龄开始计算（以克为单位），个体记录者须连续称取3个以上的蛋，求平均值，群体记录时，则连续称取3天总产量平均值。大型鹅场按日产蛋量的5%称测蛋重，求平均值。

(5) 母鹅存活率

$$母鹅存活率=\frac{入舍母鹅数-死亡数-淘汰数}{入舍母鹅数}\times 100\%$$

(6) 产蛋期料蛋比

$$产蛋期料蛋比=\frac{产蛋期耗料量(千克)}{总蛋重(千克)}$$

(7) 种鹅生产每个种蛋耗料量（包括种公鹅）

$$种鹅生产每个种蛋耗料量(克)=\frac{初生到产蛋末期消耗饲料总量(克)}{总合格种蛋数}$$

产蛋记录表参见表5-8。

表 5-8 产蛋记录表

<table>
<tr><th rowspan="2">日期</th><th rowspan="2">日龄</th><th colspan="3">存栏数</th><th colspan="2">死淘数</th><th rowspan="2">喂料量</th><th colspan="3">产蛋情况</th><th rowspan="2">温度</th><th rowspan="2">天气</th><th rowspan="2">光照</th><th rowspan="2">备注(用药、防疫、采血等)</th><th rowspan="2">饲养员签名</th></tr>
<tr><th>公</th><th>母</th><th>合计</th><th>公</th><th>母</th><th>产蛋总数</th><th>合格蛋</th><th>淘汰蛋</th></tr>
<tr><td></td><td></td><td></td><td></td><td></td><td></td><td></td><td></td><td></td><td></td><td></td><td></td><td></td><td></td><td></td><td></td></tr>
<tr><td></td><td></td><td></td><td></td><td></td><td></td><td></td><td></td><td></td><td></td><td></td><td></td><td></td><td></td><td></td><td></td></tr>
<tr><td></td><td></td><td></td><td></td><td></td><td></td><td></td><td></td><td></td><td></td><td></td><td></td><td></td><td></td><td></td><td></td></tr>
</table>

（三）肉用仔鹅生产技术

154. 什么是肉用仔鹅？ 其有哪些特点？

肉用仔鹅是指经过育成鹅饲养期，在选留种鹅后所剩下的鹅中选择精神活泼、羽毛光亮、两眼有神、叫声洪亮、机警敏捷、善于觅食、挣扎有力、肛门清洁、健壮无病的种鹅作为肥育的鹅。

肉用仔鹅的生产特点如下所述。

(1) 季节性 这是由于鹅的繁殖季节性所造成的，肉用仔鹅的生产多集中在每年的上半年。

(2) 生长周期短，饲料报酬高 鹅的早期生长速度比鸡、鸭都快，一般饲养 60～80 天即可上市，小型鹅种达 2.3～2.5 千克、中型鹅种达 3.5～3.8 千克、大型鹅种达 5.0～6.0 千克。

(3) 效益显著 鹅以放牧为主，养鹅的基本建设与设备投资少。另外，无论舍饲、圈养还是放牧饲养，肉仔鹅都可以很好地利用青绿饲料和粗饲料，适当补精饲料即可长成上市，饲料费用投入少。而且鹅肉的价格比消耗大量精料的肉仔鸡、肉鸭都高，除了鹅肉，羽绒也是一笔不小的收入。

155. 影响鹅产肉性能的因素有哪些？

(1) 遗传因素

① 品种 作为肉用品种的鹅，不同的类型其产肉性能有很大

的差异，不同鹅种的生长速度差异较大。通常大型鹅种的生长率最高，小型鹅种的生长率最低。商品肉鹅一般在4～8周龄增重达到高峰，8周龄以后的生长率显著下降。

② 繁殖力　繁殖力是反映肉鹅生产力的主要指标。鹅的性成熟晚，产蛋量较低，有些鹅种的产蛋量只有10～20个，而且繁殖又具有很强的季节性，成为限制鹅业发展的一个重要因素。

③ 性别　鹅的性别不同对鹅的产肉量也有一定的影响。据国内外一些研究结果表明，肉鹅50日龄内重量公母差异不大。50日龄后母鹅生长速度减慢，公鹅则继续迅速增重，到64日龄时活重的性别差异显著。

④ 年龄　在集约化饲养条件下，8～9周龄中型偏大的鹅种体重可达4千克或以上，但肉鹅一般要养到60～70天屠宰比较适宜。鹅的产肉性能一般到8～9周龄时基本完成。

（2）营养因素　商品肉鹅30天以前的相对生长速度很快，如果单纯依靠放牧饲养，雏鹅得不到生长发育的营养需要，生长速度会减慢，甚至出现营养不良等现象，因此，每只肉鹅需要补饲全价配合饲料1～2千克，有利于雏鹅早期快速生长发育的营养需要。

156. 肉用仔鹅日常饲喂应注意什么问题?

（1）营养需要

① 满足营养　鹅早期生长迅速，代谢旺盛，消化力强，在营养上应充分供给，达到快速肥育的目的。肉鹅早期生长和营养需要可参考表5-9。

表5-9　补饲配合饲料的营养

周龄	代谢能/(兆焦/千克)	粗蛋白/%
0～3	12.134	21
4～10	10.042	19

② 具体各营养需要　肉仔鹅在6周龄以前，提高日粮粗蛋白水平对体重增重速度有促进作用，以后各阶段粗蛋白水平的高低对

体增重没有影响。对氨基酸的需要：蛋氨酸在日粮中添加0.34%、赖氨酸为0.9%，其他氨基酸的需要量可借用肉鸡的标准。对维生素的需要量最重要的是尼克酸，尼克酸不足可引起腿病，在日粮中要注意补充。日粮中还应添加1.1%的钙、0.8%的磷、0.4%的食盐，以满足肉仔鹅生长发育的需要。肉用仔鹅每昼夜饲喂次数可根据品种类型、日龄大小与生长发育状态灵活掌握。一般来说，30～50日龄时，每昼夜喂5～6次，50～80日龄喂4～5次，其中夜间喂2次。

(2) 参考饲料配方

① 育雏期　玉米50%、鱼粉8%、麸（糠）皮40%、生长素1%、贝壳粉0.5%、多种维生素0.5%，然后按精料与青料1∶8的比例混合饲喂。

② 育肥期　玉米20%、鱼粉4%、麸（糠）皮74%、生长素1%、贝壳粉0.5%、多种维生素0.5%，然后按精料与青料2∶8的比例混合制成半干湿饲料饲喂。

157. 肉用仔鹅为什么会出现翻翅?

鹅翻翅是指鹅呈单侧或双侧翅膀外翻，其主要原因是饲料中钙磷比例失调。此外，精饲料单一，或饲料中矿物质不足，尤其是在钙质严重缺乏的情况下，也易患本病。观察翻翅的鹅，大多发生在喂全价饲料的鹅群中，而且发育快速的个体占多数。当翅膀刀翎血管中充满红色液体时最容易发生翻翅，推测可能是刀翎毛管内红色液体过多，重量加大，在重力作用下，向外翻转，时间久了，肌肉定型，就造成翻翅。鹅翻翅的高发期是40～90日龄，此期是翅膀迅速生长阶段，如有病因存在，会造成翅关节的移位，形成翻翅。

对商品鹅来说，影响外观，对就巢母鹅来说，影响自然抱孵。在易发病阶段，注意鹅饲料中各种营养成分的合理供给，尤其是钙、磷的含量（0.8%～1.2%的钙和0.4%的磷）要充足。加强运动和放牧，多照日光也利于预防翻翅。发现翻翅的病鹅，应及早用绷带将鹅翅按正常位置固定，并适当增加饲料中钙、磷等矿物质的含量。

158. 肉用仔鹅饮水管理有什么要求?

肉用仔鹅的饮水要按照保证“清洁、充足”的要求。0～4 周龄一般使用真空饮水器，饮水器的高度要随鹅的长大逐渐垫高，使饮水器的水盘边缘略高于雏鹅的背部，这样既方便饮水也有助于减少水的抛洒。保证饮水的卫生质量是非常重要的，饮水要用深井水，水无异味、不混浊，必要时在水管上安装过滤装置。气温低的时期要注意防止水温过低，必要时可以让雏鹅饮用 25℃左右的温水。5 周龄以后，饮水器要设在室内和室外运动场，让鹅在这些活动场所能够随时喝到水，保证饮水器的深度，以免影响鹅的饮用。饮水器的水要及时更换，每次更换饮水时把饮水器冲洗干净，以免让饮水受污染。

159. 肉用仔鹅的洗浴如何进行?

肉用仔鹅 7 日龄左右可进行“放水”，“放水”的日龄视气候情况而定，夏季可提前 1～2 天，冬季则宜推迟。在晴天无风的中午让雏鹅下水游泳，洗涤绒毛，每次不超过 5 分钟。如果鹅场附近有清洁的浅水塘，则可以把雏鹅缓慢驱赶到水塘边让其自由下水、戏水，切不可强迫追赶入水中。如果是在鹅场内“放水”，则可以用几个大的塑料盆盛满清水，让雏鹅试着入水洗浴，也可以在水池中放入浅水供雏鹅洗浴，一般 4 周龄后仔鹅能够彻底适应水中生活。

放牧鹅群可结合“放水”，牧食后“放水”，水要清洁，每次“放水”30 分钟，上岸休息 40～50 分钟，再继续放牧。肉仔鹅圈养时，当外界的温度高于 14℃，每天中午鹅群应下水池游泳 1 次，时间为 0.5 小时；外界温度高于 25℃则应延长洗浴时间或增加洗浴次数。

160. 肉用仔鹅的饲养密度多大合适?

饲养密度是指鹅舍内单位面积饲养鹅的数量。圈养肉鹅要把饲养密度控制好，如果饲养密度高容易造成鹅舍内空气污浊、垫草潮湿，鹅的羽毛脏乱、体质虚弱、均匀度差、平均体重偏低等问题。一般在冬季和早春外界气温低，鹅群到室外活动少的情况下饲养密度要适当低些；仲春后天气温暖，鹅群较多时间在室外活动，饲养密度可稍大些。按照地面垫草平养方式饲养中型鹅的标准，鹅舍地面每平方米可以饲养鹅的数量见表5-10。如果采用网上平养，每平方米饲养肉仔鹅的数量可以比地面垫草平养多0.5只。

表5-10　肉仔鹅的饲养密度

周龄	5～6	7～8	9～10	10以上
饲养密度/(只/平方米)	4～5	3.5	3～3.2	3

161. 圈养仔鹅分群应注意什么问题?

为了使肥育鹅群生长齐整、同步增膘，须将大群分为若干小群。分群原则是：将体形大小相近和采食能力相似的公、母混群，分成强群和弱群等。在饲养管理中根据各群实际情况，采取相应的技术措施，缩小群体之间的差异，使全群达到最高生产性能，一次性出栏。

162. 肉用仔鹅有哪些育肥方式?

肉用仔鹅的育肥方式有三种，应根据不同的饲养条件采取不同方法，主要有放牧育肥法、舍饲育肥法、填饲育肥法。

(1) 放牧育肥　放牧育肥是一种传统的育肥方法，应用最广，成本低。放牧育肥既可以结合农时进行，当雏鹅养到50～60日龄时，可充分利用收割后遗留下来的谷粒、麦粒和草籽来肥育；也可以利用天然草场，还可以人工种植牧草放牧。放牧时，应尽量减少鹅的运动，搭临时鹅棚，鹅群放牧到哪里，就在哪里留宿，这样便可减少来往跑路的时间，增加其觅食时间。放牧时间长短视鹅日龄大小而定，40日龄后鹅的全身羽毛较丰满，适应性强，可尽量延长放牧时间，做到“早出牧，晚收牧”。放牧时把青草丰茂的地方留到早晚采食高峰时放牧。放牧时要根据鹅“采食→休息→采食”周而复始的特点，让鹅吃饱喝足。经10～15天的放牧育肥后，就地收购，防止途中掉膘或伤亡。出牧与收牧时驱赶速度要慢，防止践踏致伤。

(2) 舍饲育肥 舍饲育肥生产效率较高，肥育的均匀度比较好。这种肥育方法将是今后规模化养鹅生产发展的趋势，适于集约化饲养。主要喂以富含碳水化合物的谷物饲料，加少量蛋白质饲料，保证日粮组成中蛋白质含量不低于20%，代谢能不少于12.54兆焦/千克。如以稻谷、碎米、番薯、玉米、米糠等碳水化合物含量丰富的饲料为主，或者采用颗粒饲料，颗粒饲料是将按比例混合好的饲料，通过成型机压成2～5毫米粒状的饲料，这种饲料喂饲方便，提高食欲，营养全面，比例稳定，减少浪费，加大采食量，与粉料相比较，颗粒饲料适口性好。日喂3～4次，每次吃饱为止，最后1次在晚10时喂饲，整天应供给清洁的饮水，每次仅喂少些精料，补饲青饲料。肥育期间限制鹅的活动，控制光照和保持安静，让其尽量多休息。

(3) 填饲育肥 俗话叫“填鹅”，这种方法可缩短育肥期，育肥效果好，但操作比较麻烦。方法是将配制好的饲料制条，一条一条地塞进食道里，强制鹅吞下去；或以玉米为主的混合料加水、加油脂拌湿，用机器填入鹅的食道内。填饲时减少了鹅采食过程中能量的损耗，同时增大了每次的采食量，加上安静的环境，活动减少，鹅就会逐渐增加肥度，肌肉也丰满、鲜嫩。开始时每天填3次，每次3～4个；以后增加到每天5次，每次5～6个。填好后把鹅安置在安静的舍内休息。大约经过20天育肥，鹅体脂肪增多，肉嫩味美，等级提高。鹅的肥膘，用手触摸鹅的尾椎与骨盆部连接的凹陷处，以肌肉丰满为合格。填饲育肥的方法又可分为手工填饲和机器填饲。

① 手工填饲 由人工操作，一般需要两人互相配合。填饲员左手固定住鹅头，不使鹅头往下缩，双膝夹住鹅身体，助手将饲料

顺着食道的饲管逐渐加入，由于填饲只能将饲料填入食道的中部，因此要用右手拇指、食指和中指在鹅的颈部轻轻地将填入的饲料往食道膨大部填下，添满后再将填饲管向上移，直至颈部食道填满，一直填到距离咽喉5厘米处为止。将填饲管退出食道后填饲员要捏紧鹅嘴，并将鹅喙垂直向上拉扯，右手轻轻地将食道上端的饲料往下捋2～3次，使饲料尽可能下到食道中段，然后将填鹅往鹅圈方向轻轻放下让鹅自行归圈。刚开始时每次填3～4个食团，每天3次，以后逐渐增加到每次4～5个，每天4～5次。填饲时要防止将食团塞入鹅的气管内。填饲后的肉仔鹅应供给充足的饮水，或让其每天入水洗浴1～2次，有利于增进食欲，使羽毛光亮。

② 机器填饲　分电动式和手压式两种，由贮料桶和电动机（或手柄）组成。填饲方法是通过填饲机的导管将调制好的饲料填入鹅的食道内。填饲时用左手抓鹅，右手握住食道的膨大部，左手拇指和食指撑开鹅嘴，中指压住鹅的舌头，将胶管轻轻插入鹅的食道，松开左手，扶住鹅头，把饲料压入食道膨大部，拔出胶管，放开鹅。每天填饲3～4次，填饲后注意供给充足的饮水。饲料不要填太多，以免过分结实，堵塞食道，引起食道破裂。

163. 放牧饲养中应注意的问题有哪些？

（1）鹅群的大小　一定要根据放牧场地的大小、青绿饲料生长情况、草质、水源情况、放牧人员的技术水平和经验及鹅群的体质状况来确定鹅群的大小。对草多、草好的草山、草坡等，采取轮流放牧方式，以100～200只为一群比较适宜。如果农户利用田边地角、沟渠道旁、林间小块草地放牧养鹅，以30～50只为一群比较合适。放牧前可按体质强弱、批次分群，以防在放牧中大欺小、强欺弱，影响个体的生长发育。

（2）鹅群的训练调教　在训练调教鹅群时要本着“人鹅亲和，循序渐进，逐渐巩固，丰富调教内容”的原则进行。调教时要由小及大、由少及多，以加强合群性。训练鹅群适应环境、放牧，切忌

各种声音、习惯、颜色变化，防止惊场、炸群。根据鹅的行为习性，调教鹅的出牧、归牧、休息、下水等行为，放牧人员加以相应的信号，使鹅群建立起相应的条件反射，养成良好的生活规律，便于放牧管理。培育和调教“头鹅”，即领头鹅，使其引导、爱护、控制鹅群。

（3）合理补饲 刚进入中雏期的鹅群或牧地牧草质量差、数量少时，则需要补饲精料。每天放牧归来，除要检查鹅只数量、体况外，还应根据白天的放牧采食量进行适当补饲，让鹅群吃饱过夜。

（4）防中暑雨淋 热天放牧应早晚多放，中午在树荫下休息，或者赶回鹅棚，不可在烈日暴晒下长久放牧，同时要饮水，防止中暑。雷雨、大雨时不能放鹅。放牧地离鹅舍要近，在雨下大时可以及时赶回。

（5）防止惊群 鹅对外界比较敏感，放牧时将竹竿举起或者雨天打伞，都易使鹅群不敢接近，甚至骚动逃离。不要让狗及其他兽类突然接近鹅群，以防惊吓。鹅群经过公路时，要注意防止汽车高音喇叭的干扰而引起惊群。

（6）防中毒 对于施过农药的地方，管理人员应详细了解，不能作为放牧地，以免造成不必要的损失。施过农药后至少要经过一次大雨淋透，并经过一周时间后才能安全放牧。对于放牧不慎已造成农药中毒时，要及时问清农药名称，采取相应的解毒措施。

164. 如何判定仔鹅的育肥程度?

肉仔鹅育肥到什么程度为好，主要根据饲料和增重情况来掌握。

（1）饲料 在放牧育肥条件下，看放牧的落谷或草籽多少，草料较多时正常放牧育肥，草料少时要适当补料，或适当缩短育肥期抓紧出售，免得因放牧饲料不足而掉膘。在舍饲育肥条件下，要有饲料供应，主要应根据养鹅户的资金、饲料供给情况等来确定育肥时间。

（2）看增重水平 育肥期间仔鹅的体重增长速度反映生长发育的快慢，同时反映出肥育期间饲养管理的水平。一般而言，在肥育期间，放牧育肥增重0.5～1千克，舍饲育肥可增重1～1.5千克，填饲育肥可增重1.5千克以上。当然，增重速度与所饲养的品种、季节、饲料等因素也有密切的关系。

（3）看膘情 经育肥的肉仔鹅，体躯呈方形，羽毛丰满，整齐光亮，后腹下垂，胸肌丰满，颈粗圆形，粪便发黑，细而结实。根据翼下体躯两侧的皮下脂肪，可把育肥膘情分为三个等级。

① 上等肥度鹅 皮下摸到较大结实富有弹性的脂肪块；遍体皮下脂肪增厚，摸不到肋骨；尾椎部丰满；胸肌饱满突出胸骨嵴，从胸部到尾部上下几乎一般粗；羽根呈透明状。

② 中等肥度鹅 皮下摸到板栗大小的稀松小团块。

③ 下等肥度鹅 皮下脂肪增厚，皮肤可以滑动。

当育肥鹅达到上等肥度即可上市出售。肥度都达到中等以上，体重和肥育度整齐均匀，说明肥育成绩优秀。

165. 如何提高肉鹅生产效益？

（1）引进优良肉鹅品种（系） 根据市场需求情况，引进适合本地区饲养的品种（系）。在养鹅生产中，选用优良品种，才能获得更好的经济效益。

（2）利用杂交优势，推广经济杂交 用不同品种进行简单经济杂交，能有效地提高鹅的产肉量。为提高鹅的生长率、产肉率，可以建立种鹅繁殖基地，一方面加强本品种纯繁，另一方面可引进国内外优良品种开展杂交。

（3）发展种草养鹅，生产优质产品 充分利用我国许多荒山、荒坡、水库、林间地带、河滩等场地，种草养鹅，生产绿色食品，符合农业产业结构调整政策。

（4）科学的饲料配方和低成本的投入 鹅是草食水禽，利用这一特性，最大限度地利用青饲料、粗饲料进行良好的放牧，可大大减少精饲料的投入，降低饲养成本，增加经济效益。

（5）实行科学的饲养管理程序 把好育雏关，育雏舍温度要适宜，清洁卫生，通风良好；搞好种鹅育成期的限制饲养，做到适时开产，发挥出种鹅最大的生产潜力；制定有效的消毒和疫病防治措施。

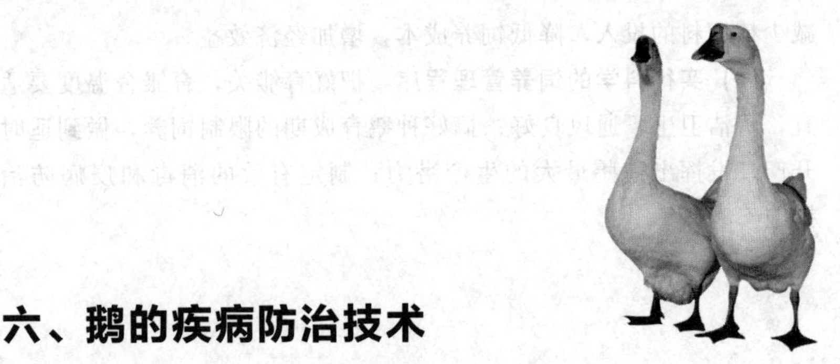

六、鹅的疾病防治技术

(一)鹅病的综合防治原则与技术

166. 鹅健康养殖对防疫卫生有哪些要求?

(1) 卫生制度健全

① 环境卫生　保持陆上运动场和舍内清洁卫生，天天打扫粪便，清除杂物、疏通排渍，创造一个清洁、臭味小的生活环境。水上运动场要经常换新鲜水，防水腐臭和硬化。

② 饲料、饮水无污染　养鹅时应注意饲料饮水的卫生，少喂勤添，以粪便保持结而不散、湿而不稀的柔软颗粒状为宜。及时清除积在凹地里的污水或污染过的水、料，避免鹅啄食后造成拉稀或引发大肠杆菌病等（夏季尤其重要）。

③ 粪污的处理　鹅粪污易被植物吸收，可即扫即销，转移利用。

④ 加强防疫　应加强鹅群疾病监测，制订免疫程序，提早预防。定期免疫种鹅群，特别是禽流感、副黏病毒病、小鹅瘟、禽霍乱等病的免疫，保证鹅群健康，减少疾病发生。

⑤ 放牧卫生　雏鹅群放牧应选择阳光温和、地面干燥，无风或少风的中午和下午放牧。中午阳光太烈或天气闷热、下暴雨等不放牧。成鹅和种鹅的放牧则应根据体质、采食、天气等情况决定是全天放牧还是半天放牧。

⑥ 运输卫生　调进或调出鹅苗时，应对装载工具进行消毒，如用消特灵给运输车辆消毒。用紫外线或烈日暴晒消毒装鹅苗用的新纸箱和竹筐等。冬季运输鹅苗时应盖顶，以防寒风持久袭击雏鹅；夏季运鹅苗时要防中暑等，适宜晚上运输。雏鹅运到目的地后，应先停 10 分钟左右再卸车。

(2) 消毒工作要制度化　建立严格的消毒制度，定期对鹅舍及用具、环境进行消毒。消毒前先清扫冲洗，待干后，再用药物消毒。做到三天一次小消毒，七天一次大消毒，控制微生物病原生长。

(3) 疫病预防　可在鹅日粮中加入一些穿心莲、蒲公英、地枇杷、鱼腥草等中草药预防鹅病的发生。

167. 什么是鹅场的生物安全？ 对鹅疫病的防治有何帮助？

鹅场的生物安全是指防止把引起鹅群发病的有害生物（包括细菌、病毒、真菌、寄生虫等病原体和昆虫、啮齿动物、野生鸟类等生物媒介）引进鹅群的一切饲养管理措施，主要从鹅场的设计与控制、人员和物品流动的控制、鹅群的控制、环境控制和病原体控制等方面采取有效措施，建立安全保障体系。

建立完善的生物安全体系，能够最大限度地清除鹅场疫病的传染源、切断传播途径、降低鹅群易感性，对鹅病，尤其是疫病的防治具有重要作用。

168. 什么是鹅疫病的传播途径？

传播途径是指病原体由传染源排出后，再次侵入其他易感动物所需通过的具体场所和路径，包括传播媒介（如空气、水源、土壤、饲料、用具、运输工具等非生物媒介和节肢动物、野生动物、非本种动物、人类等生物媒介）和传播路径（如消化道、呼吸道、泌尿生殖道、皮肤黏膜创伤和眼结膜等）。鹅病的传播途径很多，根据不同的疫病而异，同一鹅病可有多种传播途径，不同鹅病也可有相同传播途径。如小鹅瘟主要经污染的饲料和水通过消化道传播，也可经蛋垂直传播，还可不经其他传播媒介直接接触传播；而鹅球虫病也可经消化道感染（经口感染）。

169. 养鹅场疫病的综合防治关键技术有哪些？

（1）养鹅场场地的选择 见一、（一）中8. 鹅场选址的注意事项有哪些？

（2）鹅场的卫生管理 鹅场应订立各种规章制度，并有专门机构及专人管理，督促实施。在卫生管理方面，场内要经常保持清洁卫生，防虫、灭鼠、灭蚊、灭蝇。

（3）建立严格的防疫检疫制度 对引进的种鹅必须实行严格检疫隔离饲养。检疫的内容包括传染病、寄生虫等。对场内的鹅群要定期进行预防接种和驱虫，防止传染病的发生和流行。一旦发生传染病，要及时隔离、封锁、消毒、毁尸和治疗。

（4）建立严格的消毒制度 实行定期消毒。场内周围环境的消毒，一般每季度消毒一次，在传染病发生时，可随时消毒，平时应每周喷雾消毒一次。孵化室应在孵化前和孵化后进行消毒，育雏室消毒应在进雏前和出雏后进行消毒。

（5）加强饲养管理，合理搭配日粮 良好的饲养管理，可增强机体的抵抗力，是预防各种疾病的重要措施。合理配置日粮，可以减少各种营养性疾病，促进鹅群的生长发育。

（6）控制鹅群密度，减少疾病传播 随着鹅群密度的增加，疾病特别是呼吸道疾病的传播机会也随之增加，因此要注意饲养密度，提供足够的料槽和水槽，室内保持适宜的温度、湿度，空气清新。

（7）防止饮水和饲料污染 鹅场的饮水器或水槽、料槽常常被粪便污染，因此在设计和安装上要采取必要的技术处理，如悬挂或以其他方式升高饮水器和料槽的高度，不让鹅群践踏。

（8）尸体处理 应将尸体深埋或烧毁，需作病原检验及病理解剖者，应送检验室，不能随意到处剖检。

（9）预防接种 预防接种是控制和消灭某些急性传染病如小鹅

瘟、副黏病毒病等的较好方法。应按免疫程序定期进行预防接种。

170. 为什么在养殖过程中，鹅、鸭、鸡等不能混养?

养殖场不能采用鸡、鸭、鹅混养的饲养模式，主要原因如下。

（1）混养容易造成疾病的相互传播。例如禽流感这一传染病，鸡、鸭、鹅对其易感性不同，鸭、鹅体内各种亚型流感病毒的携带率很高，有的鸭、鹅并不表现任何临床症状，但其所排粪便中的病毒感染鸡只后，有时可造成鸡禽流感的发生与流行。

（2）鸭、鹅为水禽，喜水，在饲养场较为潮湿的情况下，极易引起鸡群发病。

（3）混养会降低饲料的利用率。鸡、鸭、鹅各自所需营养水平不同，对饲料的要求也不同，如果同喂一种混合饲料，必然造成饲料利用率的降低，出现饲料浪费。

（4）鸭、鹅叫声大，而鸡喜欢生活在较安静的环境中，如鸡和鸭、鹅混养，会影响肉鸡快速育肥、蛋鸡产蛋率降低。

由此可知，在条件许可时，最好是专业化生产，一个禽场仅饲养一个品种的家禽，不同日龄间的家禽也应该分开饲养，这样既有利于加强饲养管理，更有利于对家禽疫病的预防。

171. 如何进行鹅场的消毒?

根据鹅场的不同功能区及其配套资源不同，进行相应消毒。

（1）生活区的消毒　在鹅场正门的出入口处，要建消毒房，内设紫外线灯、消毒盆和消毒池。进场人员必须在此换鞋、更衣，紫外线灯照射15分钟后在消毒盆内用二氧化氯消毒液洗手，然后再从盛有5%氢氧化钠溶液的消毒池中趟过进入生活区。

（2）鹅舍的消毒　对于鹅舍的消毒分为全进全出鹅舍消毒和带鹅消毒两种。

①全进全出鹅舍消毒　全进全出鹅舍是彻底消毒的最好机会，务必彻底清洗消毒，以彻底杀灭上批鹅可能遗留的各种细菌和病毒，避免下一批重复感染发病。消毒顺序是：移出可移动的全部设

备→除粪清扫→高压水冲洗→干燥→消毒液喷洒→干燥→再消毒（气体熏蒸亦可）→移入经彻底清洁消毒的设备。

② 鹅舍内有鹅时的消毒　鹅舍消毒以地面消毒为主，顺序是：除粪→冲洗→撒布消毒液。因消毒液可能附着于鹅体或被吸入，故应避免使用具有毒性（吸入毒性）及强刺激性的药剂。带鹅消毒是将消毒剂直接喷洒在鹅体上，以杀灭鹅体上的病原体，防止疾病发生。带鹅消毒时应选用对鹅生长发育无害而又能杀死病原微生物的消毒液，如过氧乙酸、次氯酸钠、百毒杀、抗毒威等在鹅舍内喷雾消毒。

（3）孵化室的消毒　见172. 孵化环境、用具如何消毒？

（4）场区的消毒　整个场区每半个月要用2%～3%的氢氧化钠溶液喷洒消毒一次，不留死角；各栋鹅舍内走道每5～7天用3%氢氧化钠溶液喷洒消毒1次。

（5）处理病、死鹅场地的消毒　鹅场一旦发现传染病，要及时隔离治疗；对于处理的病死鹅，要在指定的隔离地点烧毁或深埋，严禁在场内随意处理或解剖死鹅。对死鹅的鹅笼用2%～4%氢氧化钠溶液进行彻底消毒，用量按每平方米1升左右进行。

（6）污水和粪便的消毒　鹅场产生的大量粪便和污水，含有大量的病原菌，而以病鹅粪更甚，更应对其进行严格消毒。对于鹅舍粪便，可用发酵池法和堆积法消毒；对污水可用含氯25%的漂白粉消毒，用量为每立方米中加入6克漂白粉，若水质较差可加入8克。

（7）饮用水消毒　饮用水中的细菌总数或大肠杆菌数超标或被病原微生物污染的情况下，需要进行消毒，要求消毒剂对鹅无毒无害，对饮欲无影响，可选用过氧化物类消毒剂、含氯消毒剂、含碘类消毒剂等。

172. 孵化环境、用具如何消毒？

种蛋孵化出雏应保证清洁卫生的环境，因此，需对孵化环境和用具进行严格消毒。

孵化场应配有相应的消毒设施，如消毒池、消毒间、消毒泵等，进出孵化场的人员需执行严格的消毒制度，室内必须穿戴工作服，出入更换工作服，脚踏消毒池，确保不将外来病原带入场内。场内环境的消毒中，空气消毒至关重要，孵化场应安装有通风系统，并按照种蛋室—码蛋室—孵化室—出雏室—存储室—洗涤室的顺序通风压力从大到小进行负压通风，定期清理进出风口，保证空气的洁净新鲜。

孵化种蛋所有接触的设备、用具都要做好卫生消毒，蛋托、码蛋盘、出雏筐、存雏筐用后以高压泵清水冲洗干净再放入2%的火碱（氢氧化钠）水中浸泡30分钟，然后用清水冲净。种蛋车、操作台及用具用后也要清理消毒，照蛋落盘后对臭蛋桶要清理消毒，地面火碱墩地。注射器使用后清理干净并高压消毒或开水煮半小时。孵化机及蛋架用后以高压泵清水冲洗干净，用消毒液擦拭，再用清水冲净，最后把干净的码蛋盘、出雏筐放入孵化机内每立方米用福尔马林42毫升+21克高锰酸钾熏蒸30分钟。出雏室需要的卫生消毒特别严格，而此地又是绒毛多最难清理的地方，所以一定要认真仔细地清理每个角落，不能留有死角。发雏后存雏室一定要冲洗干净，包括房顶、四壁、窗户、水暖管道等，再把干净卫生的存雏筐放入室内，每立方米用福尔马林42毫升+21克高锰酸钾熏蒸30分钟，或10%福尔马林喷雾消毒，避免交叉感染。

173. 养鹅场常用的注射器械如何进行消毒?

将注射器用清水冲洗干净，如为玻璃注射器，将针管与针芯分开，用纱布包好；如为金属注射器，拧松调节螺丝，抽出活塞，取出玻璃管，用纱布包好。针头用清水冲洗干净，成排插在多层纱布的夹层中。将清洗干净包装好的器械放入煮沸消毒器内灭菌。煮沸消毒时，水沸后保持15～30分钟。灭菌后，放入无菌带盖搪瓷盘内备用。煮沸消毒的器械当日使用，超过保存期或打开后，需重新消毒后，方能使用。

174. 鹅舍消毒常用的消毒剂有哪些？ 如何使用？

(1) 烧碱 又名氢氧化钠、苛性钠。本品对细菌、病毒有强大的杀灭力，但有腐蚀性，对皮肤、黏膜有刺激性，对金属、纤维织物有腐蚀作用。一般用于鹅舍、非金属器具、运输工具和门口消毒池脚踏消毒等，不宜用于金属制品消毒。常用浓度为2%～4%。

(2) 石灰水 先用新鲜生石灰（氧化钙）1份加水1份，制成熟石灰（氢氧化钙），然后用水配成的混悬液。其乳剂或澄清液均可杀灭细菌和病毒。可用于地面、沟渠、墙壁、消毒池、用具、车辆、粪便等的消毒。

(3) 漂白粉 杀菌能力取决定于其有效氯含量，市售漂白粉一般含有效氯25%～35%。易分解，应密闭保存。饮水消毒时，6～10克/立方米，搅匀后放置30分钟才可饮用。饲槽、饮水槽及其他非金属用具的消毒用1%～3%的浓度。禽舍和排泄物消毒用10%～20%的浓度。

(4) 福尔马林 为含37%～40%甲醛的水溶液，有强杀菌力。可再配成2%～4%的水溶液对墙壁、地面、用具、饲槽等喷洒消毒。本品对皮肤和黏膜有刺激性，且有强烈的刺激性气味，操作时应注意安全。福尔马林主要用于禽舍、孵化器、种蛋等的熏蒸消毒。一般每立方米空间用福尔马林25毫升、高锰酸钾12.5克，再加水25毫升。

(5) 复合酚（菌毒敌、农乐） 含酚41%～49%、醋酸22%～26%，为深红褐色黏稠液体，有臭味。为新型广谱高效消毒药，可杀灭细菌、真菌和病毒，对寄生虫卵也有杀灭作用。可用于禽舍、用具、污物的消毒，常用浓度为1%的溶液，一次用药的药效可维持7天。

(6) 高锰酸钾 为强氧化剂，1%浓度可杀死多数繁殖型细菌。因易氧化失效，应密封保存，现配现用。常以0.05%浓度用于皮肤、黏膜、创面和饮水的消毒；以0.01%～0.02%饮服可预防某些肠道传染病。熏蒸时利用高锰酸钾的氧化性能加速福尔马林蒸发。

(7) 优氯净（二氯异氰尿酸钠） 含有效氯60%～64%。对细菌、病毒、真菌孢子、细菌芽孢都有较强的杀灭作用。饮水消毒时，剂量为4毫克/升，作用30分钟。用于杀灭器具上的细菌、病毒时用0.5%～1%浓度，用于杀灭细菌芽孢时用5%～10%浓度。

(8) 新洁尔灭、洗必泰、消毒宁（度米芬）、消毒净 均为季铵盐类阳离子表面活性消毒剂。新洁尔灭为胶状液体，其余为粉剂，均易溶于水，毒性低，性质稳定可长期保存，无腐蚀性，杀菌力强，消毒对象广。忌与肥皂或碱类接触以免拮抗失效。1%浓度用于手、种蛋洗涤消毒，0.15%～2%浓度用于鹅舍喷雾消毒。

(9) 百毒杀、杀百毒消毒液、必灭杀、爱康 均为同类产品，有效成分为双链季铵盐类，比一般单链季铵盐化合物的杀菌力强数倍。可迅速渗透入胞浆膜脂质体和蛋白质体，改变细菌膜的通透性而具有强大的杀菌力，对多种细菌、病毒、真菌均有良好的杀菌作用。百毒杀有50%、10%两种浓度。50%百毒杀饮水消毒用50～100毫克/升，带鹅消毒用300毫克/升，鹅病发生时消毒用100～200毫克/升；10%百毒杀相应增加5倍用量。

(10) 球杀灵 对球虫卵囊有强大的杀灭作用，可用于球虫病严重的养鹅场的鹅舍地面、墙壁消毒，彻底切断球虫传播途径。每袋药可消毒100立方米地面及周围50厘米以下的墙壁。先用袋内一号药溶于30升水中喷洒，再用袋内二号药溶于30升水中，喷洒一号药喷洒过的地方，两种药一起反应，出现红的颜色。消毒时应戴口罩、手套，并注意保护眼睛。

(11) 其他消毒药 灭虫快杀虫剂、速安宁主要用于养鹅场杀灭苍蝇。卫康、强力消毒灵、爱迪伏、超好生等，可根据说明书选择使用。酒精、碘酒、紫药水、红汞水等可用于个别鹅的创伤消毒。

175. 常用的杀虫和灭鼠的方法有哪些?

杀灭害虫、消灭老鼠在鹅场等养殖场是一项非常重要的工作，可切断鹅场中经虫鼠等生物媒介传播的疫病的传播途径。

(1) 杀虫 鹅舍内外应保持清洁卫生，无粪便、污水和垃圾，防止蚊蝇等虫体孳生。药物杀虫可用敌敌畏 1 千克加水 500 千克，喷洒地面、墙壁，也可用蝇毒磷 1 千克加水 400 千克喷洒地面、墙壁；灭蚊、蝇可用 0.2%除虫菊酯煤油溶液喷雾；灭绳也可用粘蝇纸、捕蝇器或捕蝇拍进行捕灭。粘蝇纸的做法是 2 份松香加 1 份蓖麻油涂在纸上，放在蝇虫聚集的地方可保持粘蝇性 2 周。

(2) 灭鼠 鼠类不仅携带病原体造成疫情扩散，而且咬损建筑物及饲养用具等，偷食并污染饲料，因此鹅场应定期灭鼠。可使用捕鼠器捕鼠，也可使用化学药物灭鼠。

常用的灭鼠药有：消化道灭鼠药磷化锌，每平方米撒布的饵料中应含 0.5 克，老鼠食后多在 24 小时内死亡；敌鼠钠盐，饵料中应含 0.25%～0.5%，连续放药 3～5 天，在 5～7 天内出现死亡高峰；使用这两种灭鼠药要妥善处理鼠尸以免被其他动物食用引起中毒。熏蒸药物可用氯化苦或灭鼠烟剂，氯化苦可用器械将药物直接喷入鼠洞，每洞 5～10 毫升以土封洞口。灭鼠烟剂需与研细的硝酸钾或氯化钾按 6∶4 比例混合，分装成包，每包 15 克，用时点燃投入鼠洞以土封洞口。

176. 鹅舍空气中的有害成分有哪些?

自然界空气中的成分主要有 N_2、O_2、稀有气体、CO_2 及其他气体和杂质等。鹅舍内由于鹅的呼吸、排泄以及粪便、饲料等有机物的分解，不但使原有的成分比例发生变化，同时还增加了一些有害气体，如氨、硫化氢、一氧化碳和二氧化碳等。

(1) 氨 鹅舍内的氨是由舍内含氮有机物分解而来。鹅的粪便、饲料、垫草都含有氮物质，在缺氧的条件下都会分解产生氨。如天气炎热、湿度过大、饲养密度较大、垫料反复利用、通风不良等，均会使氨的浓度升高。氨气的溶解度较高（0℃时1升水可溶907克），故常被吸附在鹅的皮肤、黏膜和眼结膜上，从而产生刺激和炎症。封闭鹅舍空气中氨气含量一般为3～8毫克/立方米，高者可达60毫克/立方米。

对处于氨气含量20毫克/立方米环境中的肉仔鹅接种新城疫疫苗，抗体水平显著低于无氨气环境中的肉仔鹅。鹅在短时间内吸入少量氨气，体内易变成尿酸排出体外而解毒，但鹅除肺外尚有气囊遍及全身，单位体重的呼吸量大，因而对氨特别敏感。氨气除使抵抗力降低、发病率上升外，还会影响食欲，使生产力下降、死亡率增高，肉仔鹅的肉品质下降。

(2) 硫化氢 硫化氢无色，易挥发，易溶于水，相对密度为1.19，有强烈臭蛋味，产生气味的低限为0.171毫克/立方米。硫化氢主要来源于含硫有机物的分解，破蛋腐烂或鹅消化不良时均可产生大量的硫化氢。因硫化氢密度较大，故地面附近浓度一般最高。

硫化氢毒性很强，易被黏膜吸收与钠离子结合生成硫化钠，刺激黏膜产生眼炎和呼吸道炎症，出现流泪、角膜浑浊、咳嗽，甚至肺水肿。硫化氢通过肺泡进入血液，未氧化的硫化氢可影响细胞氧化过程，造成组织缺氧。长期低浓度的硫化氢刺激可使鹅体质变弱，抗病力下降，生产性能低下，体重减轻。高浓度急性中毒，可抑制呼吸中枢，导致窒息死亡。

(3) 二氧化碳 二氧化碳无色、无毒，略带酸味，相对密度1.524。大气中含二氧化碳为0.03%～0.04%。鹅舍内如果通风不良，饲养密度过大，二氧化碳浓度可达0.5%以上，这样会使鹅健康受到影响。

二氧化碳的主要来源是鹅群呼吸，1000只平均体重为1.6千克的产蛋母鹅，每小时可排出二氧化碳1700升。二氧化碳并无毒性，只是在舍中浓度过高、持续时间过长时，会造成舍内缺氧。鹅舍中一般不会达到此种程度，但是在晚秋、早春和严寒的冬季，天气寒冷、鹅舍封闭很严、不通风，或通风设备失灵时，才可能导致二氧化碳浓度过高。

(4) 一氧化碳 一氧化碳无色，无味，相对密度为0.967。鹅舍内一般没有一氧化碳，用燃料取暖燃烧不全、烟囱漏烟、倒风、煤气灯照明时均可产生一氧化碳。

一氧化碳对血液和神经系统有毒害作用，对血红蛋白的亲和力比氧大200～300倍，形成的碳氧化血红蛋白不易解离，造成急性缺氧，出现循环和神经系统病变，可使鹅死亡。

177. 鹅舍中有哪些灰尘和微生物?

鹅舍内湿度较大，灰尘及微生物来源多，空气流动慢，无紫外线照射，这些都为微生物的生存创造了良好的条件。有报道鹅舍空气1克尘埃中含有20万～25万大肠杆菌。在清扫卫生、饲喂、生产性操作及鹅群骚动鸣叫时都可使空气中的灰尘和微生物含量大量增加。空气中的病原微生物吸附在灰尘和飞沫上，可使鹅患病。呼吸道疾病的传染多由飞沫传播造成，如鹅副黏病毒多是鹅吸入带病毒的飞沫而感染的。减少鹅舍中灰尘和微生物的措施是严格卫生防疫制度，改善管理，如禁止干扫地面，改善鹅舍和场区环境，实行全面种植、种草，加强降尘，增加空气湿润，防止舍内空气过度干燥，每周进行气雾消毒1～2次。

178. 鹅场如何做好人员的防疫工作?

鹅场防疫工作中，因为人员在鹅场内外、场内不同功能区间及鹅舍内外存在一定的流动性，使得人员的防疫管理在综合防疫体系中不可忽视。鹅场应做好人员管理，加强人员的防疫工作。

(1) 工作人员应定期体检，取得健康合格证后方可上岗。

(2) 应加强人员培训，使所有相关生产人员充分认识到防疫包括人员防疫对疾病防控的重要性，掌握应有技术。

(3) 加强进场管理。原则上应谢绝一切无关人员的参观访问，如需进场，则需根据活动范围进行相应的消毒。场内外工作人员包

括管理人员、饲养员、兽医等均需执行严格的进场消毒。

（4）场内防疫管理。首先是加强消毒，严格执行消毒规范；其次是实行定岗制度，不得随意串岗；另外，工作人员不得在场内饲养其他动物，防止病原体传播扩散。

179. 如何处理和利用粪便?

肉鹅养殖过程中，会产生大量鹅粪，鹅粪中存在病原体等有害物质，因此需进行无害化处理。但鹅粪中也含有丰富的营养物质，因此，可在处理后进行利用。

（1）肥料化处理

①高温堆肥　粪便在堆肥过程中，产生60～80℃的温度，可以有效杀死鹅粪中各种病原体和寄生虫卵。鹅粪与其他有机物如秸秆、杂草、垃圾混合堆积，控制相对湿度为70%左右，使微生物大量繁殖，导致有机物分解转化为植物能吸收的无机物和腐殖质，在无害化处理的同时获得优质肥料。鹅粪中含有大量未消化吸收的营养物质，其中含粗蛋白22.9%、粗脂肪17.4%、无氮浸出物45.3%、粗纤维7.7%、粗灰分6.7%。为了提高堆肥的肥效价值，堆肥过程中可以根据粪便的特点及植物对营养素的要求，拌入一定量的无机肥，使各种添加物经过堆肥处理后变成易被植物吸收和利用的有机复合肥。

②干燥处理　利用燃料加热、太阳能或风力等，对粪便进行脱水处理，使粪便快速干燥，以保持粪便养分，除去粪便臭味，杀死病原微生物和寄生虫。干燥处理粪便主要的方式有微波干燥、笼舍内干燥、大棚发酵干燥、发酵罐干燥等。目前，干燥处理成本较高，且干燥过程中会产生明显的臭气，因此在我国较少采用，尚处于探索阶段。

③药物处理　在急需用肥的时节，或在传染病或寄生虫病严重流行的地区，为了快速杀灭粪便中的病原微生物和寄生虫卵，可采用化学药物消毒、灭虫、灭卵。药物处理中，常用的药物有：尿

素，添加量为粪便的1%；敌百虫，添加量为10毫克/千克；碳酸氢铵，添加量为0.4%；硝酸铵，添加量为1%。

（2）能源化处理 利用鹅粪生产沼气主要是利用受控制的厌氧细菌的分解作用，将粪便中的有机物经过厌氧消化作用，转化为沼气。通过厌氧微生物处理可去除大量可溶性有机物，杀死病原体，有利于降低传染性疾病发生率，提高生物安全性。发酵原料或产物可以产生优质肥料，沼气发酵液可作为农作物生长所需的营养添加剂。

（3）饲料化处理 粪便适当地投入到水体中，有利于水中藻类的生长和繁殖，使水体能保持良好的鱼类生长环境。但要注意控制好水体的富营养化，避免使水中的溶解氧耗竭。水体中放养的鱼类应以滤食性鱼类（如鲢鱼、鳙鱼、罗非鱼）和杂食性鱼类（草鱼、鳊鱼）为主。在粪便的施用上，应以腐熟后为宜，直接把未经腐熟的粪便施于水体常会使水体耗氧过度，使水产动物缺氧而死。

180. 如何处理鹅场的污水？

（1）污水的前处理 在污水的前处理中一般采用物理方法，针对污水中的大颗粒物质或易沉降的物质，采用固液分离技术进行前处理。前处理技术一般有过滤、离心、沉淀等。筛滤是一种根据鹅粪的粒度分布状况进行固液分离的方法。在机械过滤方面常用的机械过滤设备有自动转鼓过滤机、转滚压滤机等。自动转鼓过滤机是根据筛滤技术研制的一种固液分离机械，其特点是转筒可在一定范围内调整倾斜度，并配有反冲洗装置，可持续运行。转滚压滤机的结构比较紧凑，性能较筛网好，分离性能取决于滤网的孔径。

（2）化学处理 通过向污水中加入某些化学物质，利用化学反应来分离、回收污水中的污染物质，或将其转化成无害的物质。处理的对象主要是污水中的溶解性或胶体性污染物。常用的方法有混凝法、化学沉淀法、中和法、氧化还原法等。

（3）微生物处理 根据微生物对氧的需求情况，污水的微生物

处理法分为好氧生物处理法、厌氧生物处理法和自然生物处理法。好氧生物处理法又分为活性污泥法和生物膜法两类。活性污泥法本身就是一种处理单元，它有多种运行方式；生物膜法有生物滤池、生物转盘、生物接触氧化池及生物流化床等。厌氧生物处理法又名生物还原法，主要用于处理高浓度的有机污水和污泥，使用的处理设备主要是厌氧反应器。自然生物处理法是独立于好氧生物处理和厌氧生物处理之外的污水生物处理方法，往往存在好氧、兼性和厌氧微生物的共同作用。自然生物处理又称为生态处理，包括稳定塘（氧化塘）处理、土地处理和湿地处理。氧化塘又有好氧塘、兼性塘、厌氧塘、曝气塘和水生植物塘之分；土地处理法有漫流法、渗滤法、灌溉法及毛细管法等。污水中的有机污染物是多种多样的，为达到相应处理要求，往往需要通过几种方法和几个处理单元组成的系统进行综合处理。

181. 养鹅场常用的疫苗种类有哪些？ 如何使用？

为及时有效地预防鹅传染病，养鹅场应根据当地疫情发生情况结合本场既往疫情情况，进行疫苗的免疫接种。常用的疫苗有以下几种。

（1）小鹅瘟活疫苗 种鹅未经小鹅瘟活疫苗免疫，或经小鹅瘟活疫苗免疫，但时间已超过100天，这类种鹅所产种蛋孵出的雏鹅，在出壳后1～2天内用小鹅瘟活疫苗1羽份皮下注射免疫，7天后产生免疫力。后备种鹅3月龄左右用小鹅瘟活疫苗免疫1次，按常规量注射。在鹅群产蛋前5天左右进行小鹅瘟活疫苗免疫，如仔鹅已免疫过，可用常规4～5倍剂量进行第二次免疫，免疫期为4～5个月。如仔鹅未免疫过，按常规量免疫，免疫期为100天，免疫后100～120天再用2～5羽份剂量免疫1次。

（2）鹅副黏病毒病灭活疫苗、鹅流感灭活疫苗或鹅副黏病毒病-鹅流感二联灭活疫苗 未经单苗或二联苗免疫，或免疫时间已超过两个月的种鹅产的蛋孵出的雏鹅，如当地无鹅副黏病毒病、鹅流感，可在雏鹅10～15日龄时进行Ⅰ号剂型单苗或Ⅰ号剂型二联苗皮下注射（如当地有这两种病，应在5～7日龄时进行Ⅱ号剂型单苗或Ⅱ号剂型二联苗皮下注射。经单苗或二联苗免疫两个月以内种鹅的后代雏鹅，可在10～15日龄时进行Ⅰ号剂型单苗或Ⅰ号剂型二联苗免疫)，免疫后45～60天，须进行第二次单苗或二联苗免疫，适当加大剂量，每只肌内注射0.7～1毫升。在鹅群产蛋前10天左右，肌内注射Ⅰ号剂型鹅副黏病毒灭活疫苗、鹅流感灭活疫苗，每只鹅注射1毫升，两个月后再注射1次。

(3) 鹅蛋子瘟菌灭活疫苗或鹅蛋子瘟禽巴氏杆菌二联灭活疫苗 在鹅群产蛋前15天，在另侧肌内注射鹅蛋子瘟菌灭活疫苗或鹅蛋子瘟禽巴氏杆菌二联灭活疫苗免疫。

182. 如何运输和保管各种疫苗?

疫苗的妥善运输和保管对免疫接种的成功与否起着重要作用。

(1) 疫苗的运输 疫苗的运输要求有专用的车辆、设备，运输过程中应有相关的温度监测记录等，要求包装完善，尽快运送，运送途中避免日光直射和高温。致弱的病毒性疫苗应放在装有冰块的广口瓶或冷藏箱内低温运送。

(2) 疫苗的保管 一般购入疫苗后都要尽快使用，对于数量较大、不能很快用完的应保存在低温、阴暗、干燥的场所。灭活菌(死苗)、致弱的细菌性疫苗、类毒素、免疫血清等应保存在2～15℃，防止冻结；致弱的病毒性疫苗，如小鹅瘟弱毒疫苗等，应放置在0℃以下，冻结保存。稀释液一般单独存放常温保存。

183. 免疫接种时，如何稀释疫苗?

免疫接种中，疫苗稀释步骤如下：首先，查看疫苗批号、是否真空、是否破损、是否在有效期内等，若检查合格，则进一步进行稀释。拔掉疫苗和稀释液的塑料瓶盖，用灭菌注射器吸取疫苗稀释液注入疫苗瓶，上下反复摇匀使疫苗充分溶解，吸取疫苗注回稀释液瓶中，再用稀释液反复冲洗疫苗瓶中的疫苗2～3次，注回稀释液瓶中备用。

疫苗稀释时，需注意以下事项。

（1）疫苗稀释若配有专用稀释液，则用专用稀释液稀释，若无专用稀释液，选择蒸馏水、生理盐水、缓冲盐水和铝胶盐水等作稀释液时，均要求无异物杂质，更不可变质，并且各种稀释液中不可含有任何病原微生物和消毒药物。若自制蒸馏水、生理盐水、缓冲盐水等，必须经消毒处理并冷却后再使用。

（2）应根据每瓶规定的羽份和稀释液量来进行稀释。

（3）稀释用具如注射器、针头、滴管、稀释瓶等，用前需清洗干净并高压消毒备用。

（4）稀释疫苗时，应根据鹅群数量、参加免疫人员多少，分多次稀释，每次稀释好的疫苗要求在常温下1小时内用完。

（5）已打开瓶塞的疫苗或稀释液，须当次用完。若用不完则不宜保留，应废弃，并作无害化处理。

（6）不能用金属容器装疫苗及稀释疫苗，用缓冲盐水、铝胶盐水作稀释液时，应充分摇匀后使用。

（7）进行饮水免疫稀释疫苗时，应注意水质，最好用深井水，并先加入0.2%的脱脂奶粉，再加入疫苗。应注意不要用加氯或用漂白粉处理过的自来水，以免影响免疫质量。

184. 鹅肌内注射或皮下注射免疫时有哪些注意事项?

（1）注射方法要正确 首先是注射部位要正确。采用皮下注射法时，通常选择颈部皮下注射，应在鹅颈后段1/3处皮下进行接种，如注射到颈部的肌肉内，则引起缩颈、精神不振、采食下降、消瘦等，如注射部位靠近头部，则引起肿头。肌内注射常选择胸肌和腿部外侧浅层肌肉进行注射。

其次是注射方法要正确。皮下注射时，以左手拇指和中指捏起皮肤，并以食指按下两指间皮肤形成陷窝，右手持针将针头从陷窝处沿两层皮肤缝隙方向刺入，回抽针栓无回血后注入疫苗液。若刺破两层皮肤，则出现疫苗液漏出现象。肌内注射时，应使针头与注射部位形成30°角，沿胸骨（或腿骨）朝对侧方向刺入肌肉，切忌垂直刺入。

（2）若为活疫苗，应注意在短时间内完成注射，若鹅只数量较多，可边稀释边接种，防止疫苗病毒的灭活失效。

（3）因皮下注射和肌内注射均为针对鹅只个体的免疫，组织耗时，操作繁琐，鹅只应激较大，故在免疫接种前后3～5天可增喂速溶多维等提高抗应激能力，并且在免疫接种前避免转群等应激。

185. 鹅饮水免疫时有哪些注意事项?

（1）饮水免疫前后3～5天内不能消毒，前后2天内，在饮水或饲料中不应添加任何影响免疫系统和抗微生物的药物成分，以免影响免疫效果。

（2）饮水器要清洁，不能用金属制品，最好用瓷器和无毒塑料制器具。

（3）为确保免疫效果，饮水免疫前要根据室温高低和饲料干湿度不同停水2～4小时。

（4）饮水量应合理。参照疫苗使用说明、鹅群日龄和数量以及当时的室温来确定疫苗稀释量，疫苗应以不含氯的自来水稀释后现配现用。

（5）为提高免疫效果，可在水中加入0.2%脱脂奶粉。

（6）饮水免疫的疫苗应为弱毒活疫苗，死疫苗不适用于此种免疫方法。

（7）为使鹅群得到较均匀的免疫效果，饮水器应充足，使鹅群的2/3以上同时有饮水的位置。

（8）饮水器不得置于直射阳光下，如风沙较大时，饮水器应全部放在室内。

（9）夏季天气炎热时，饮水免疫最好在早上完成。

186. 如何确保免疫成功？

（1）制定合理的免疫程序 在制定免疫程序时要考虑到疾病对鹅的日龄敏感性、疾病的流行季节、鹅品种或品系之间差异、母源抗体的影响、其他人为的因素、社会因素、地理环境和气候条件的影响等，以制定出适合本场的免疫程序。

（2）定期抽检抗体效价 定期抽检鹅群血清抗体，掌握鹅群免疫水平。当发现达不到保护水平时，及时补苗加强免疫。

（3）把好疫苗质量关 防疫时要选择由农业部批准的定点正式生产的合格疫苗。杜绝使用假冒疫苗，因其疫苗真空度、效价都很差，质量低劣，达不到免疫效果。

（4）搞好疫苗的运输与保管 小鹅瘟冻干疫苗，自生产之日起在－15℃的条件下可保存2年，在10～15℃的条件下只能保存3个月。因此，在疫苗运输、保管中要确保低温，防止疫苗包装标签虽然在有效期内，但效价明显降低，甚至失效。

（5）注意接种方法及环境对免疫效果的影响 新城疫Ⅳ系弱毒疫苗用凉开水或洁净中性井水稀释后点眼、滴鼻或饮水。饮水疫苗应加倍，饮用疫苗前应停水4小时左右，严禁用含氯离子的自来水，疫苗稀释后要在1小时内用完。避免阳光直接照射疫苗，否则影响免疫效果。

（6）避免消毒药对疫苗的影响 在养鹅生产中每周都用消毒药对鹅舍、用具进行消毒和洗刷，还有的养鹅户用0.05％高锰酸钾溶液饮水，用于肠道防腐消毒。小鹅瘟冻干疫苗是一种活毒疫苗，与消毒药接触就会失去活力，使疫苗失效，引起免疫失败。因此，在接种小鹅瘟冻干疫苗前、后5天内严禁饮用消毒药溶液，经消毒后的饮水器和食槽要用洁净清水冲洗干净。

（7）防止抗病毒药物对活毒疫苗的影响 因抗病毒类药物在体内可抑制病毒的复制，从而严重抑制了活毒疫苗在体内的抗原活性，影响免疫抗体的产生。所以在用疫苗前后禁用抗病毒药物。

（8）减少疫苗之间的相互干扰 新城疫弱毒疫苗和传染性法氏

囊病弱毒疫苗之间产生干扰，在接种法氏囊病疫苗后应间隔 7 天以上再接种新城疫疫苗，否则因法氏囊病的轻度肿胀影响新城疫免疫抗体的产生。

（9）降低母源抗体的中和 母源抗体是指种鹅较高的小鹅瘟等免疫抗体经卵黄传输给下一代雏鹅，这种天然被动免疫抗体，可抵抗小鹅瘟等相对强毒的侵袭，如雏鹅过早接种疫苗，则免疫期越短。因此，应根据雏鹅的母源抗体滴度，决定雏鹅的首次免疫接种日龄。

187. 影响免疫效果的因素及免疫失败的原因是什么?

（1）疫苗因素

① 疫苗的质量 疫苗不是正规生物制品厂生产，质量不合格或已过期失效。疫苗因运输、保存不当或疫苗取出后在免疫接种前受到日光的直接照射，或取出时间过长，或疫苗稀释后未在规定时间内用完，影响疫苗的效价甚至失效。

② 疫苗间的干扰作用 将两种或两种以上无交叉反应的抗原同时接种时，机体对其中一种抗原的抗体应答显著降低，从而影响这些疫苗的免疫接种效果，如传染性法氏囊病疫苗会影响新城疫疫苗的免疫效果。

③ 疫苗稀释剂 疫苗稀释液温度太高，杀死了部分活苗，影响了免疫效果；疫苗稀释剂未经消毒或受到污染而将杂质带进疫苗，有时随疫苗提供的稀释剂存在质量问题；进行饮水免疫时，由于饮水器未消毒、清洗，或饮水器中含消毒药等都会造成免疫不理想或免疫失败。

（2）母源抗体干扰 由于种鹅个体免疫应答差异，以及不同批次的雏鹅群不一定来自同一种鹅群等原因，造成雏鹅母源抗体水平参差不齐。如果对所有雏鹅固定同一日龄进行接种，若母源抗体过高的反而干扰了后天免疫，不产生应有的免疫应答。即使同一鹅群，不同个体之间母源抗体的滴度也不一致，母源抗体干扰疫苗在体内的复制，从而影响疫苗的效果。

(3) 免疫抑制性疾病 传染性法氏囊病病毒、传染性贫血病病毒、球虫等能损害鹅的免疫器官如法氏囊、胸腺、脾脏、哈德氏腺、盲肠、扁桃体、肠道淋巴样组织等，从而导致免疫抑制。在鹅群发病期间，鹅体的抵抗力与免疫力均较差，如此时接种疫苗，免疫效果很差，极易导致免疫失败，还可能发生严重的反应，甚至引起死亡。

(4) 野毒的早期感染 鹅体接种疫苗后需要一定时间才能产生免疫力，而这段时间恰恰是一个潜在的危险期，一旦有野毒的入侵或机体尚未完全产生抗体之前感染强毒，就会导致疾病的发生，造成免疫失败。

(5) 病毒毒力增强 小鹅瘟在机体内大量复制、循环，使毒力增强，即使鹅群对小鹅瘟有一定的免疫也仍然发病，鹅群如果暴露于强病毒包围环境中，感染率是极高的。即使免疫鹅群感染和发病也是极其可能的。当强毒株感染鹅群后，少数免疫不良的鹅，很可能出现非典型的症状。

(6) 鹅群机体状况

① 遗传因素 动物机体对接种抗原产生免疫应答在一定程度上是受遗传控制的，鹅的品种繁多，免疫应答各有差异，即使同一品种不同个体的鹅，对同一疫苗的免疫反应强弱也不一致。有的鹅甚至有先天性免疫缺陷，从而导致免疫失败。

② 营养状况、健康状态 饲料中的很多营养成分如维生素、微量元素、氨基酸等都与鹅的免疫功能有关，这些营养成分过低或缺乏，可导致鹅的免疫功能下降，从而使接种的疫苗达不到应有的免疫效果。

③ 应激因素 动物机体的免疫功能在一定程度上受到神经、体液和内分泌的调节，在环境过冷、过热、湿度过大、通风不良、拥挤、饲料突然改变、运输、转群等应激因素的影响下，机体肾上腺皮质激素分泌增加。肾上腺皮质激素能显著损伤淋巴细胞，对巨

噬细胞也有抑制作用。所以，当鹅群处于应激反应敏感期时接种疫苗，就会减弱鹅的免疫能力。

(7) 化学物质的影响 许多重金属如铅、镉、汞、砷等均可抑制免疫应答而导致免疫失败，某些化学物质如卤化苯、卤素、农药等可引起鹅免疫系统组织的部分甚至全部萎缩以及活性细胞的破坏，进而引起免疫失败。

(8) 主观因素

① 技术操作不过关 主要有以下几个方面。

a. 疫苗选择不当：雏鹅用小鹅瘟疫苗仅用于雏鹅防疫，若用于成年鹅效果将大受影响；若将成年鹅用小鹅瘟疫苗用于雏鹅会导致雏鹅爆发小鹅瘟。防治鹅副黏病毒病可选用一些弱毒力的鸡新城疫活疫苗如Ⅳ系疫苗，若选择中等偏强毒力的新城疫Ⅰ系疫苗饮水或注射，这不仅起不到免疫的作用，相反造成病毒扩散和导致鹅爆发鹅副黏病毒病。

b. 接种途径：小鹅瘟冻干苗要求的接种途径是肌内注射或皮下注射，有些鹅场图方便省事改用饮水，自然达不到免疫效果。

c. 超量免疫：有些地方养殖户担心免疫力保护不够，避免发病，从而大剂量或反复频繁使用疫苗，殊不知免疫时疫苗所用剂量过大或频繁使用，反而造成免疫麻痹，导致机体免疫系统应答失灵，容易引起发病。

d. 免疫方法不当：滴鼻、滴眼免疫时，疫苗未能进入眼内、鼻腔，注射免疫时，出现“飞针”，疫苗根本没有注射进去或注入的疫苗从注射孔流出，造成疫苗注射量不足并导致疫苗污染环境。饮水免疫时，免疫前未限水或饮水器内加水量太多，使配制的疫苗未能在规定时间内饮完而影响剂量。

e. 免疫时间：选择恰当的免疫时间，鹅体对抗原的敏感程度呈 24 小时周期性变化，一天中不同时间内免疫效果稍有差异。清晨鹅体内因肾上腺素分泌较其他时间少，对抗原的刺激最敏感，此时进行疫苗接种，效果最好。

f. 免疫程序：有些养殖户不了解种鹅免疫情况，也不进行母源抗体检测，认为越早使用疫苗免疫越好，殊不知首免日龄过早，若雏鹅有母源抗体，则造成疫苗与母源抗体中和，抗体水平反而低了下来，此时若有野毒侵袭，则可感染发病；免疫滞后也容易出问题，若首免日龄推迟太晚，母源抗体已消失，已形成免疫空档，野毒侵袭也易感染发病；有些养殖户不按一定免疫程序，而是多次频繁用疫苗，这样会造成前次免疫产生的抗体与下次疫苗中和，引起机体内的抗体始终不高而不足以抵抗强度感染。

② 忽视局部免疫作用　鹅副黏病毒免疫主要分为两部分，即血液系统和呼吸系统。只有两个系统都产生足够的免疫力，才能有效地阻止副黏病毒病的发生。血清循环抗体与鹅的抗感染并不完全一致，带有新城疫高滴度抗体的鹅对副黏病毒也是易感的，若不能及时做好鹅的呼吸道免疫，野毒在其上呼吸道繁殖和感染发生鹅的副黏病毒病。

③ 药物的滥用　许多药物如卡那霉素等对淋巴细胞的增殖有一定抑制作用，能影响疫苗的免疫应答反应。有的鹅场为防病而在免疫接种期间使用抗菌药物或药物性饲料添加剂，从而导致机体免疫细胞减少，以致影响机体的免疫应答反应，或在进行免疫前后和稀释疫苗时，盲目使用抗菌药物，如稀释疫苗时加入青霉素、链霉素，可影响疫苗的活性。磺胺类药物会使鹅的免疫器官受到抑制。

④ 思想观念有问题　多数养禽业者乃至技术人员对疫苗在控制传染病中的作用缺乏正确认识，错误地认为用了疫苗就不会发病而放松或忽略了严格消毒隔离和其他措施。如免疫接种时不按要求消毒注射器、针头、刺种针及饮水器等，使免疫接种成了带毒传播，反而引发疫病流行。

⑤ 饲养管理不当　消毒卫生制度不健全，鹅舍及周围环境中存在大量的病原微生物，在用疫苗期间鹅群已受到病毒或细菌的感染，这些都会影响疫苗的效果，导致免疫失败。饲喂霉变的饲料或垫料发霉，其霉菌毒素能使胸腺、法氏囊萎缩，毒害巨噬细胞而使

其不能吞噬病原微生物，从而引起严重的免疫抑制。努力给鹅群创造一个稳定、安全、舒适、清洁的生活和生产环境，这样在进行鹅群免疫时，鹅体就会在神经、体液、内分泌的调节下，对疫苗产生良好的反应。

⑥ 管理制度不合理　人员防疫管理制度、兽医技术岗位责任制、种蛋孵化防疫制度、病死鹅的处理方法等方面不合理。

188. 鹅场的流行病学调查具体涉及哪些方面?

为了及时准确地诊断疾病和对鹅场流行病学资料建立档案，往往需要进行详细的调查和了解。

(1) 饲养环境　鹅场的地理位置和周围环境，是否靠近居民点或交通要道？是否易受台风、冷空气和热应激的影响？地下水位高低或排水系统如何？是否容易积水等？鹅场内禽舍等的布局是否合理？房舍结构是什么？如何通风保温和降温，舍内的氨气及其他卫生状况如何？采用何种照明方式？是否有运动场等？及其饲养鹅只的背景资料。如养鹅场的建址位置、建筑设计，鹅的品种、数量、来源等。

(2) 养殖技术　采用何种饲养方式？采用哪种送料方式和哪种食槽，如何供水？哪一类的饮水器？粪便垫料如何处理等？饲料是自配或从饲料厂购进，其质量和信誉如何？是粉料、谷粒料或颗粒饲料？是干喂还是湿喂？是自由采食或定时供应，是否有限饲？饮水的来源和卫生标准，水源是否充足？不同饲养阶段的生产记录如何？是否健全？

(3) 疫病防控　养鹅场的鹅病史，如鹅场既往的疫情情况及其相应防控情况。鹅场当下所发病的发生、发展及用药情况等。按计划应接种的疫苗种类，接种时间及实际完成情况，免疫程序是否合格，是否有漏接，疫苗的来源、厂家、批号、有效期及外观质量如何？接种疫苗的方法是否正确？免疫接种效果如何？是否进行过何种检测？鹅场曾使用过何种药物，其剂量和使用时间如何？投药方式？治疗效果如何？鹅场和鹅群近期内是否还有其他与疾病有关的异常情况等？

189. 鹅病临床观察哪些方面？

在现场进行疫情调查时，一般原则或程序是先检查健康群，后检查发病群；先检查发病群中的健康鹅，后检查病鹅；先对病鹅作一般性检查，后作各系统的详细检查。

（1）群体检查 为了避免对发病鹅的过分惊扰，可先从一定的距离外进行观察，待鹅群逐渐适应后，才进一步接近并做进一步的观察和检查。观察群内的鹅只是否分布均匀，有无拥挤或打堆现象；采食和饮水状态、粪便情况如何等。对笼养鹅，还应检查笼具大小，安装是否合适，有无破损；供料、供水系统是否适合，状态是否良好等。凡羽毛松乱而无光泽、羽毛异常脱落或生长异常，精神呆滞或嗜睡，翅尾下垂，呼吸、姿态或动作异常，头颈蜷缩或伏卧不起，颜面肿胀，眼鼻分泌物增多，食欲降低或废绝，粪便异常等表现者均为病象，应逐一挑出并做进一步的检查。

（2）病鹅个体的检查 个体检查的内容主要包括病鹅的精神、体态、羽毛、营养状况和发育情况，呼吸、眼神、食欲、饮欲等及各个系统的功能、结构有无明显的异常。

① 精神状态和机能的检查 大多数疾病都能引起病鹅表现精神沉郁、毛松眼闭等症状。如出现昏睡或昏迷，多属代谢紊乱性疾病、严重传染病后期或某些中毒性疾病，多预后不良。精神兴奋、运动增强、向前冲突或不断转圈，是中枢神经系统兴奋性升高的表现，常见于脑炎初期、毒物中毒或中枢神经系统受损的后遗症。在许多疾病过程中，如肉毒梭菌毒素中毒可见头颈和四肢的无力性麻痹；脑型大肠杆菌病等传染病、中毒病等则可引起机能亢进，临床表现角弓反张、头颈扭转或痉挛；维生素 B_1 缺乏症则可见“望星”姿势。脊髓损伤可表现出动作不协调，虽有采食欲，但不能准确地啄取食物，如鸭疫里默杆菌病就以头颈震颤和共济失调为其特征性

症状。

② 营养状态和发育情况检查　肌肉瘦削、生长发育不良、矮小均为营养不良的征候，常见于营养缺乏病或慢性消耗性疾病。

③ 羽毛、皮肤及可视黏膜检查　羽毛生长不良、粗糙和容易脱落，多与日粮中氨基酸（特别是含硫氨基酸）、维生素（如泛酸等）、微量无机元素（如锌等）的缺乏有关，也可能是寄生虫病的一种表现，临床可见啄羽等症状，但要与正常的换羽相区别。眼周羽毛污脏不洁和黏液、血液黏附则可能与鸭疫里默杆菌病、鹅红眼病或嗜眼吸虫病等疾病有关，而肛周羽毛污秽、粘有粪便则多为腹泻的特征。皮肤检查时注意有无创伤以及颜色、弹性等的异常。皮下气肿多见于气囊破裂，而皮肤干燥、皱缩是脱水的表现，颜面部肿胀可见于禽流感和鸭瘟等。

④ 食欲检查　许多传染病在发病过程中，常见食欲减少或废绝，而断饲或限饲等长期饥饿后恢复供料，可见食欲亢奋和暴食。高温季节，腹泻以及日粮中食盐、钾和镁含量高或食盐中毒，以及发生热性传染病时，鹅群饮水量增加，甚至出现暴饮现象。

⑤ 体温测定　测量病鹅的体温亦可为疾病的诊断提供必要的线索。一般来说，急性传染病时体温多有不同程度的升高，而临死前则常有体温下降；慢性传染病通常发热不明显；中毒性疾病和营养代谢性疾病，其体温多正常或稍低于正常；热应激（热射病或中暑）时，体温常有明显的升高。

⑥ 呼吸系统检查　检查内容包括呼吸的频率、状态、呼吸音和鼻漏等。在正常情况下，鹅的呼吸频率都有一定的范围，超过这个范围的上限即称为呼吸频率增加，或呼吸急促，或浅频呼吸；反之则称呼吸频率减缓，或呼吸深长。前者多见于发热、贫血或肺部疾患，而后者则多见于昏迷、上呼吸道分泌物增多或异物引起的狭窄等情况。高温中暑时可见张口喘息、呼吸迫促、两翅张开等症状。

⑦ 消化系统检查　主要指口腔、舌、咽喉、食道膨大部、腹

腔脏器、泄殖腔和肛门的检查，以发现其色泽有无改变，有无渗出物、创伤、炎症、溃疡、异物或寄生虫；食道膨大部的胀满程度及其性质；腹部是否胀满及其性质如何；泄殖腔黏膜有无充血、出血、坏死或溃疡；排粪的情况、数量及其性状等。

口腔、舌面、咽喉出现炎症、结节、伪膜可见于维生素A缺乏、鸭瘟、鹅口疮等疾病。食道膨大部膨大硬实，可能是其内充满干燥未消化饲料或羽毛、泥沙等异物；食道膨大部膨胀，柔软下垂，倒提时从口中流出大量酸臭液体，多由饲料发霉变质所致，而禽霍乱、鸭瘟等传染病时亦可发生。腹部触诊有助于了解腹腔内部的一些情况，如有无肿瘤或异物、母鹅是否蛋滞留、肝脏是否肿大及其质地是否正常、有无腹水等。腹部膨隆下垂、有波动感提示腹水的存在，可见于卵黄性腹膜炎、大肠杆菌病、肝肿瘤、腹水综合征等。许多疾病都会导致腹泻，多可见肛门羽毛污秽和有稀粪，依据粪便的性质、色泽等常能为临床诊断提供有用的信息。

190. 病理剖检操作顺序及注意观察的项目是哪些?

鹅病理剖检采取以下步骤进行。

(1) 外观检查 主要包括尸僵、颜面、被毛、眼部、皮肤、腿脚等项目。

① 尸僵的检查　对于病鹅或死鹅在检查前，都要观察尸僵情况，病鹅要处死，一般死后即可检查，尸僵情况良好表现为颈直立、全身僵直；如果尸僵情况不好即可断定为慢性消耗性疾病。

② 颜面的检查　颜面苍白，提示内脏出血较严重，如肠球虫病、蛔虫病、绦虫病、传染性贫血等；部分高热性疾病如鹅副黏病毒病和禽流感等；颜面肿胀则高度提示禽支原体、慢性禽霍乱、鸭瘟、禽流感等。

③ 被毛的检查　被毛光亮、整齐、丰满表明生前营养情况良好，是急性病或死亡或病的时间不长；如果被毛杂乱无光，可能患病时间较长或饲料质量不佳或饲养密度过大等；延迟生毛提示饲料

中缺乏泛酸、生物素、叶酸、锌、硒等。

④ 眼部检查　眼部感染一般主要是环境差所致。全眼炎提示大肠杆菌、葡萄球菌的单独或混合感染；眼水肿，眼结膜出血，提示鸭瘟；眼角膜浑浊呈灰白色，俗称“白眼病”，提示禽流感。

⑤ 皮肤检查　如果表现为翅下、头部、趾部皮肤发绿提示葡萄球菌病；皮下表现水肿、水肿液无色提示食盐中毒；水肿部皮肤发蓝紫色提示维生素 E 缺乏症。

⑥ 腿脚的检查　正常情况下，跗、趾、跖关节无肿大，骨端棱角分明，骨茎粗细适中。关节肿胀，一般提示葡萄球菌病、大肠杆菌病、沙门菌病或病毒性关节炎；两腿内翻呈“O”形，提示钙、磷缺乏或不平衡和维生素 D_3 缺乏；两腿外翻呈“X”形，提示缺锰、缺锌或胆碱、生物素、维生素 B_6 等营养缺乏症；一腿外翻，使两腿呈“IL”形，提示滑（脱）腱症，主要为缺锰、缺锌以及胆碱、烟酸、叶酸或生物素缺乏；趾、跖鳞片下出血，高度提示禽流感。

(2) 皮下剖检　主要包括皮下、胸肌、嗉囊、胸腺等检查项目。剖式：将尸体背位仰卧，剪开腿腹之间皮肤，将两条腿向前、向下，再向外折至股骨脱臼平放于台面上。沿中线先把胸骨嵴和肛门间的皮肤剪开，然后向前，如果必要，直至身体的整个腹面连同颈部整个暴露出来。

① 皮下及胸肌检查　皮下积绿色水肿液（以股内侧、腹部多见）高度提示硒-维生素 E 缺乏症；皮下出血、溶血、水肿伴发皮肤出血、液化、脱毛提示葡萄球菌病；胸肌和腿肌外侧肌肉有出血提示磺胺药物中毒和维生素 K 缺乏；胸骨脊不光滑，易弯曲提示缺钙或钙-磷不平衡。

② 食道及嗉囊检查　食道黏膜变性坏死，呈条纹或斑块状高度提示鸭瘟；嗉囊有腐臭液体且黏膜糜烂高度提示鹅副黏病毒病；嗉囊黏膜呈白色片状或毛巾状病变提示白色念珠菌引起的嗉囊炎。

③ 胸腺检查　如果出现胸腺肿大、出血，一般提示鹅副黏病

毒病和禽流感。

(3) 胸腔检查 主要包括胸气囊、心包、心脏、肺脏检查等项目。剖式：于胸骨脊后端处剪开一个小口，用手术剪沿胸肋和背肋之间向前剪，剪断外侧胸肌，再用大剪剪断乌喙骨和锁骨，这样整个胸肌便可取下，胸腔完全暴露。

① 胸气囊检查 胸气囊有蛋黄样物质提示禽支原体病和大肠杆菌病；囊壁出现小米粒至硬币大的灰绿色结节提示曲霉菌病；囊表面、胸肌内脏面、心包、心外膜上有一层白色、石灰样膜提示尿酸盐沉积；心包炎提示大肠杆菌病及沙门菌病；心冠脂肪出血提示鹅副黏病毒病、禽流感、禽霍乱等急性病。

② 肺脏检查 肺水肿、清绿色、液化主要是环境差、大肠杆菌、呼吸道感染所致；肺出血、溶血、水肿、液化如泥、色青紫主要是密度大、羽毛飞扬等环境因素引起的葡萄球菌呼吸道感染（葡萄球菌产生毒素和溶血素致肺出血液化）；靠肺门前部小范围实变，生前见呼吸道症状提示禽支原体病；肺表面有墨绿色或褐色斑块提示禽曲霉菌病。

(4) 腹腔的检查 主要包括腹气囊、肝胆、脾、肾、胃肠道、法氏囊、卵巢、输卵管等项目。

① 腹气囊的检查 有白色或褐色结节提示禽曲霉菌病；气囊膜变厚、有黄色渗出物提示大肠杆菌病或禽支原体病。

② 肝脏胆囊的检查 肝肿大、棕黄色、质脆、散在有大量黄白色坏死点提示禽霍乱；肝外部有黄色或白色的纤维素样包膜提示鸡大肠杆菌病，如为鸭提示鸭疫里氏杆菌病，如膜较透明提示禽支原体病。

③ 脾脏检查 脾肿大，有白色坏死点提示鹅副黏病毒病；脾消失提示葡萄球菌病。

④ 肾脏检查 输尿管变成筷子粗，此多因钙-磷不合适、缺乏维生素 A 引起的尿石症；肾脏淤血呈紫红色多有心衰表现。

⑤ 胃检查 腺胃肿大如球或较肌胃大，是分泌功能亢进，提

示铅中毒；腺胃乳头出血提示鹅副黏病毒病（40%以上的禽新城疫并无乳头出血）和禽流感；腺胃乳头基部出血，顶端呈乳白色脓泡高度提示禽流感；肌胃角质膜下广泛性出血高度提示禽流感。

⑥ 胰脏检查　胰脏坏死或萎缩，提示缺硒；胰脏呈褐色点状半透明样变性，提示禽流感。

⑦ 肠道检查　十二指肠升段1/2处，卵黄蒂后约3厘米处，两个盲肠尖稍后2厘米处的回肠如发现一处有枣核形、红色或绿色的坏死溃疡灶即可判定为鹅副黏病毒病（大多情况下，上述三处仅见肿胀或出血）；十二指肠变红变粗，呈出血性卡他提示禽霍乱或球虫病，后者出血更厉害且涂片镜检可见球虫卵囊；空肠皱缩，前端浆膜肿，时见出血斑，提示绦虫病；小肠、盲肠、直肠、泄殖腔广泛性出血提示禽流感；肠粘连表面有黄色脓肿或肉牙肿，提示大肠杆菌病；泄殖腔出血一般也提示鹅副黏病毒病。

⑧ 法氏囊检查　正常的法氏囊呈橘子瓣形，4日龄豌豆大，4月龄最大，为葡萄大小。法氏囊出血呈紫红色，提示高致病性禽流感；卵泡斑痕样变，提示鹅副黏病毒病、禽流感等热性病；卵泡褪化提示禽流感。

⑨ 输卵管检查　没到发育成熟时，输卵管即很清楚，提示大肠杆菌病；输卵管变短变细且剖开后有较多量黏稠液提示禽流感；输卵管炎、输卵管肿粗，内积黄白色干酪样渗出物（似蛋），剪开呈同心环状，提示大肠杆菌病。

(5) 头颈部检查　主要包括口腔、食道、喉头、气管、脑、鼻腔、眶下窦等项目。

① 口腔检查　口腔上腭部有米粒大小脓泡提示维生素A缺乏症；腭裂开口于后鼻道，如其中有干酪样物质提示禽支原体病；口腔有黄色斑点（块）状坏死伪膜，提示鸭瘟。

② 食道检查　食道腺体有米粒大小脓泡提示维生素A缺乏症。

③ 喉头气管检查　喉头、气管黏膜红肿、充血，气管内潴留大量黏液提示禽支原体病；喉头、气管轮出血，气管有血性黏液提

示鹅副黏病毒病和禽流感。

④ 脑部检查　剖式检查：于两眼眶中间剪一剪，枕骨大孔与左右两眼眶各剪一剪，即可揭开脑盖，暴露出大小脑，一般不易见到病变。脑膜严重出血提示禽流感。

191. 如何处理病死鹅的尸体?

(1) 深坑掩埋　作深埋时，应当建造用水泥板或砖块砌成的专用深坑。美国典型的禽用深坑长2.5～3.6米、宽1.2～1.8米、深1.2～1.48米。深坑建好后，要用土在其上方堆出一个0.6～1米高的小坡，使雨水向四周流走，并防止重压。地表最好种上草。深坑盖采用加压水泥板，板上留出2个圆孔，套上PVC管，使坑内部与外界相连。平时管口用牢固、不透水、可揭开的顶冒盖住。使用时通过管道向坑内扔死禽。

(2) 焚烧处理　对病死鹅特别是患有重大传染病的鹅进行焚烧处理是一种常用的方法。以煤或油为燃料，在高温焚烧炉内将病死鹅烧成灰烬。此方法可以避免地下水及土壤的污染，但常会产生较大的臭气，而且消耗燃料较多，处理成本较高。

(3) 饲料化处理　死鹅本身蛋白质含量高，营养成分丰富。如果在彻底杀灭病原体的前提下，对死鹅作饲料化处理，则可获得优质的蛋白质饲料。如利用蒸煮干燥机对尸体进行处理，通过高温高压先作灭菌处理，然后干燥、粉碎，可获得粗蛋白达60%的肉骨粉。

(4) 肥料化处理　堆肥的基本原理与粪便的处理相同。通过堆肥发酵处理，可以消灭病菌和寄生虫，而且对地下水和周围环境没有污染。处理后转化形成的腐殖质是一种公认的优质有机肥。目前国内一些企业将病死禽进行腐熟分解后作为原料生产有机肥：①向容器中添加三分之一的含碳物质；②添加耐高温（150℃）分解菌种搅拌10分钟左右即可处理病死畜禽，对大的病死畜禽尸体进行搅碎；③内发热管调为90～115℃，处理时间为24小时；④腐熟后传输至有机肥生产车间作为有机肥添加物。

192. 兽药安全使用的基本要求有哪些?

应供给动物充足的营养，提供良好的饲养环境，加强饲养管理，采取各种措施以减少应激，增强动物自身的抗病力。应严格按《中华人民共和国动物防疫法》的规定防止畜禽发病和死亡，力争不用或少用药物。畜禽疾病以预防为主，建立严格的生物安全体系。必要时，进行预防、治疗和诊断疾病所用的兽药必须符合《中华人民共和国兽药典》、《兽药质量标准》、《兽用生物制品质量标准》和《进口兽药质量标准》有关规定。所用兽药必须来自具有生产许可证的生产企业，并且具有企业、行业或国家标准，以及产品批准文号；或者具有《进口兽药登记许可证》。所用兽药的标签必须遵守兽药标签和使用说明书管理规定。

193. 兽药安全使用的相关原则是什么?

(1) 防重于治 做好产地环境建设，消毒措施落实，免疫程序制定等工作，对患病畜禽及时隔离和采取扑杀等措施，防止疫情扩散和传播。

(2) 对症下药 根据流行病学、临床症状、解剖变化、实验室检验结果等综合分析，做出准确诊断，有针对性地选择药物，杜绝滥用兽药和无病用药。

(3) 适度剂量 剂量小达不到治疗效果，易产生耐药菌株；剂量大，易产生药物残留或中毒等不良反应。应严格按照兽药标签或说明书的标注剂量使用。

(4) 合理疗程 常规畜禽疾病，一个疗程约3～5天。时间短，达不到理想治疗效果；时间长，易造成药物残留，严重污染环境。

(5) 正确给药 能够通过调节饲料营养成分而达到治疗目的的不用药；能够通过饮用或饲喂给药治疗的不注射；能够通过注射治疗的不输液；在给药过程中，根据兽药休药期合理安排用药。

194. 鹅对药物特有的反应特性及注意事项有哪些?

由于鹅的特殊生物学特性和生理特点，决定了鹅只对药物特有的反应特性。

(1) 鹅对有机磷酸酯类特别敏感 有机磷酸酯类药物如敌百虫的 LD_{50} 为 75～110 毫克/千克体重，所以一般不能将有机磷酸酯类药物用作驱虫药进行内服，即使外用杀虫时也须严格控制使用剂量，以防止鹅群中毒疾病的发生。

(2) 鹅对食盐反应较为敏感 如雏鹅饮水中食盐含量超过 0.7%，产蛋鹅饮水中超过 1%，饲料中含量超过 3%都会引起相应中毒症状，日粮中较长期超过 0.5%即可引起不良反应。

(3) 鹅对呋喃唑酮等药物比较敏感 一般呋喃唑酮类药物进行饮水时，浓度不宜超过 0.04%，否则容易引起鹅群发生毒性等不良反应。

(4) 鹅对某些磺胺类药物反应比较敏感 鹅尤其雏鹅对磺胺类药物比较敏感，添加过量或拌料不均时，容易出现不良反应，产蛋鹅容易引起产蛋量下降。如以 0.5%浓度混饲雏鹅 8 天，可能会引起脾脏出血、梗死，肾脏会有不同程度的损伤。

(5) 鹅对链霉素反应比较敏感 链霉素用药时应慎重，不宜剂量过大或用药时间过长。如超过 800 毫克/千克体重，鹅用药后会产生呼吸衰竭及肢体瘫痪而死亡。

(6) 鹅对喹乙醇反应比较敏感 一次用量大于 70 毫克/千克体重，鹅会出现中毒症状。

(7) 长效药物对鹅效果不明显 鹅的消化道长度仅为体长的 6 倍，致使药物在鹅体内代谢过程较快，一些对人类或家畜为中效或长效的药物如磺胺多辛等，而对鹅则为中效或短效，并无长效的特点。

(8) 药物不能通过呕吐作用排出 鹅无呕吐动作，所以鹅误食毒物或内服药物中毒后，不能像其他家禽一样使用催吐药排出毒物。必要时可采用嗉囊切开术，尽早排出未吸收毒物。

(9) 可以通过喷雾途径给药 气囊结构增加了肺通气量，加大了肺的气体交换，经过肺运行，并循肺内管道进出气囊，这种结构特点增大了药物的扩散面积，从而提高了药物的吸收量，所以喷雾法是适用于禽的有效给药方法。

(10) 慎用巴比妥类药物 禽缺乏某些羟化酶，因而不能氧化巴比妥类药物，如给禽应用巴比妥类药物就会产生持久的抑制作用。

195. 消毒、免疫、兽用化学药品如何协同应用?

消毒是疫病防控的重要措施，在动物饲养过程中，平时的消毒可有效杀灭环境和动物体表的病原体，切断传播途径；而在疫病发生的过程中进行紧急消毒并配合隔离措施，可以使作为传染源的患病动物所排出的病原体得到及时杀灭，防止了疫病的扩散。

免疫是防疫工作的另一重要措施，通过有效的免疫接种，可以使动物成为对相应疫病具有抵抗力的不易感动物，从而阻断了传染的重要环节。兽药是用于预防、治疗和诊断畜禽等动物疾病，有目的地调节动物生理机能并规定作用、用途和用量的物质，除包括治疗用化学药品外，消毒剂和疫苗也都属于兽药范畴。

在用药时应合理选择，协同应用。如，采用饮水法进行活疫苗免疫接种时，饮水中不能加入消毒剂，防止后者杀灭疫苗中的活菌或病毒等，降低疫苗效价；而免疫接种前后几天内，可以在动物饮水中加入速溶多维，以提高动物抗应激能力。所以，正确地进行三者之间的协调，可以使动物疫病的防治工作顺利开展并取得预期效果。

196. 如何建立检疫监测系统?

动物检疫是为预防、控制和扑灭动物疫病，保障动物及动物产品安全，维护公共卫生安全，由法定的机构和人员依照法定的检疫项目、标准和方法，对动物、动物产品进行检查、定性和处理的一项带有强制性的技术行政措施。动物疫病监测是定期（每月或是每季度）对各种动物的重大疫病如高致病性禽流感等进行的监测。

为全面掌握高致病性禽流感等主要动物疫病的病原分布和流行趋势，科学评价免疫效果，准确把握疫情动态，各级动物疫病预防控制机构要按照国家动物疫病监测计划的总体部署和要求，在扎实做好本行政区年度动物疫病监测和流行病学调查等常规工作的基础上，重点以“定点、定期、定量、定性”为监测模式，开展动物疫病监测。

（二）鹅常见病的防治

197. 养鹅生产中常见的细菌性和真菌性传染病有哪些?

养鹅生产中常见的细菌性传染病有禽霍乱、卵黄性腹膜炎、鹅副伤寒、鹅大肠杆菌病、鸭疫里默氏杆菌病、鹅沙门菌病、鹅葡萄球菌病和鹅链球菌病等；真菌性传染病有鹅口疮、曲霉菌病等。

198. 侵害鹅呼吸道、消化道的主要细菌性传染病有哪几种?

侵害鹅呼吸道、消化道的细菌性传染病主要有禽霍乱、鹅大肠杆菌病、鸭疫里默氏杆菌病、鹅沙门菌病和鹅链球菌病等，表现为呼吸系统和消化系统的受损，病鹅出现咳嗽、打喷嚏、呼吸困难、腹泻、排白色和绿色稀粪或水样粪、气囊炎和肠炎等症状病变。

199. 以侵害产蛋鹅生殖系统为特征的主要细菌性传染病有哪几种?

侵害产蛋鹅生殖系统的细菌性传染病主要有鹅大肠杆菌病（如鹅卵黄性腹膜炎）、禽霍乱和鹅链球菌病等。

200. 与病毒性传染病相比，鹅的细菌性传染病的发生、流行以及防治方面有什么特点?

鹅的病毒性传染病，除采用专用生物制品能获得有效控制之外，药物治疗是很难奏效的。目前，真正能杀灭病毒的药物还很少，而且用药时间长，费用高，副作用也大。而细菌性传染病则不同，很多药物都能杀灭它。所以，鹅的细菌性传染病采用生物制品适时免疫和有针对性地实施药物防治都能收到很好的效果。

201. 如何诊断与防治禽霍乱?

鹅禽霍乱，又称鹅巴氏杆菌病，是由多杀性巴氏杆菌禽型菌株引起鹅的一种败血性、高度接触性传染病。鹅巴氏杆菌病由于传播迅速、发病急、死亡快，病死率高达 30%，加上常产生耐药性，易反复发生，很难控制，给养鹅业带来了重大经济损失。

(1) 禽霍乱的诊断 可通过流行病学调查、临床剖检、病原分离鉴定和药敏试验等实验室检测对其进行确诊。

① 流行病学调查 通过询问了解鹅场发病情况，包括鹅群来源、饲养管理及免疫情况，发病主要症状、病死率及用药史等。禽霍乱病鹅常有鹅群刚刚经过长途运输、遭遇天气突变、发病死亡很快等情况。

② 病理剖检 按常规方法对送检病死鹅进行剖检，观察主要脏器的病理变化，并无菌采取病料进行细菌分离鉴定。剖检病变多为气囊、浆膜出血，肺脏淤血、出血、气管环状充血；心包大量黄色渗出液或胶冻样渗出物，心肌与心冠脂肪大量点状出血；肝脏质脆，个别被膜脱落，表面大量白色或淡黄色针尖大小坏死点；脾脏淤血、肿大、紫红色或布满淡黄色白色大小不等坏死灶；消化道呈卡他性或出血性炎症，十二指肠充血、出血，肠壁变薄，严重者胰脏大量出血点。

③ 病原分离鉴定

细菌分离：无菌采取心脏、肝、脾等病变组织接种于麦康凯琼脂平板和绵羊鲜血平板，37℃培养 24 小时，该菌在麦康凯琼脂平板不能生长，可在营养琼脂平板上生长，在绵羊鲜血平板 37℃培养 24 小时可见到中等大小的淡灰白色、湿润、露珠样菌落，无溶血性，挑菌，革兰染色镜检为阴性，两端钝圆，两极浓染小杆菌；进一步通过平板划线法进行细菌纯化。

生化试验：根据微量生化发酵管说明书取纯化菌株纯培养物分别接种葡萄糖、乳糖、木糖、麦芽糖、蔗糖、山梨醇、卫矛醇、硫化氢、肌醇、甘露醇、尿素酶、VP、MR、赖氨酸和鸟氨酸等生化管，并挑单个菌落进行触酶试验。生化试验结果显示葡萄糖、蔗糖、木糖、菊糖和触酶试验阳性，而麦芽糖、乳糖、山梨醇、卫矛醇、肌醇、甘露醇、硫化氢、尿素酶、VP、MR、赖氨酸和鸟氨酸反应阴性。

动物回归试验：将6只仔鹅随机分为试验组和对照组，3只/组。将细菌纯化培养物稀释至细菌含量1×10^{9}菌落形成单位(CFU)/毫升，试验组腹腔注射1毫升/只，对照组腹腔注射灭菌的生理盐水1毫升/只，隔离饲养，并对死亡仔鹅进行解剖，组织涂片镜检和细菌分离培养。动物回归试验结果显示对照组仔鹅无异常表现，试验组3只仔鹅48小时内全部死亡，死亡仔鹅剖检可见严重出血性病理变化，取肝脏进行组织涂片镜检可见两极深染、革兰阴性小杆菌，经细菌分离重新获得该菌。

(2) 禽霍乱的防治 在鹅禽霍乱的治疗方面，一定要避免药物的滥用乱用，应以药物敏感性试验作为参考依据，选择高敏药物进行治疗才能达到控制疾病目的，该病的高敏药物有菌必治、头孢噻吩、头孢他啶、头孢唑肟和氟苯尼考等。同时，治疗中应严格实施隔离消毒等措施，防止疫情扩散。由于禽霍乱具有反复发生和产生耐药性的特点，疫苗免疫是禽霍乱控制的最可靠有力措施之一，目前已有多种商品化的禽霍乱疫苗，如禽霍乱铝胶灭活苗、油乳剂灭活苗和弱毒疫苗等，但是这些疫苗对不同禽类免疫后取得的预防效果存在差异，可能与免疫操作、不同禽种来源、或者血清型差异等有关。也有关于自家苗进行免疫的报道，取得了理想的预防效果。

202. 如何诊断与防治鹅口疮?

鹅口疮又称霉菌性口炎，是白色念珠菌所致的引起上消化道病变的一种霉菌病。雏鹅、仔鹅比青年鹅、成年鹅易感性高。常由于吃到含有病菌的饲料及饮水，使消化道黏膜损伤而致病。

(1) 鹅口疮的诊断 根据临床症状、剖检变化及实验室检验进行诊断。

① 临床症状 鹅口疮在临床上症状并不典型。发病鹅表现为生长不良、食欲减少、精神萎靡、羽毛松乱、不愿走动。有时发病鹅出现气喘，喉咙深处发出“咕噜、咕噜”声，叫声嘶哑，临死前全身抽搐。打开病鹅的口腔，可以见到：在口腔黏膜上，开始为乳白色或黄白色斑点，后来融合成白膜，如豆腐渣样的特异性、典型的“鹅口疮”增生和溃疡。

② 剖检变化 尸体消瘦，口、鼻腔内有大量分泌物，口、咽、食道黏膜增厚，嗉囊黏膜增厚，有灰白色稍隆起的圆形溃疡，黏膜表面常见有伪膜性斑块，但缺乏炎症反应，腺胃黏膜肿胀、出血，表面覆盖着卡他性或坏死性渗出物，气囊混浊，时常见到淡黄色粟粒状结节。

③ 实验室检验 取死鹅食道黏膜剥落的渗出物，抹片，镜检有酵母状的孢子体和菌丝。

(2) 鹅口疮的防治 发病鹅舍充分通风换气，用福尔马林蒸气消毒，更换垫草，保持舍内清洁干燥。对地面、墙壁、料槽和饮水器具彻底清洗消毒。对病鹅每只用制霉菌素5毫克拌料喂饲，连喂10天，1%碘化钾溶液饮水或用1/2000的硫酸铜饮水，每只鹅口服3～5毫克，每日3～4次。幼鹅不可饲喂霉败饲料及使用发霉垫草，尽量避免鹅群与霉变的草堆接触，要经常消毒饲槽和饮水器，定期给鹅舍和环境进行消毒。梅雨季节要保持鹅舍、垫草、饲料干燥不发霉，加强舍内通风换气，合理安排鹅群的密度。

203. 如何诊断与防治鹅卵黄性腹膜炎?

鹅卵黄性腹膜炎，又称鹅蛋子瘟，是由致病性大肠杆菌引起成鹅的一种细菌性传染病。产蛋母鹅的卵巢、卵子和输卵管感染致病性大肠杆菌后，产蛋率明显下降，并发生死亡，具有较强的传染性。

(1) 鹅卵黄性腹膜炎的诊断 可根据流行病学特点、临床症状及剖检病变做出初步诊断，并通过实验室检验对其进行确诊。

① 临床症状

母鹅大肠杆菌性生殖器官病：母鹅在产蛋后不久，部分产蛋母鹅表现精神不振，食欲减退，不愿走动，喜卧，常在水面漂浮或离群独处，气喘，站立不稳，头向下弯，嘴触地，腹部膨大。排黄白色稀便，肛门周围有污秽发臭的排泄物，其中混有蛋清、凝固的蛋白或卵黄小块。病鹅眼球下陷，喙蹼干燥，消瘦，呈现脱水症状，最后因衰竭而死亡。即使有少数鹅能自然康复，但不能恢复产蛋。

公鹅大肠杆菌性生殖器官病：主要表现阴茎红肿、溃疡或结节。病情严重的，阴茎表面布满绿豆粒大小的坏死灶，剥去痂块即露出溃疡灶，阴茎无法收回，丧失交配能力。

② 剖检病变

成年母鹅有的为卵黄性腹膜炎，腹腔内有少量淡黄色腥臭浑浊液体，内脏器官表面覆盖有淡黄色凝固的纤维素性渗出物，肠浆膜小点出血，卵巢萎缩。腹腔中卵黄存在较久则凝结成大小不等的小块或碎片。

公鹅的病变在外生殖器部分，表现为阴茎肿大，有芝麻至黄豆大的小结节或干酪样坏死物质。严重病鹅的阴茎脱垂外露，表面有黑色坏死结节。

③ 实验室检验

直接涂片：革兰染色，可见革兰阴性短杆菌。取病料接种于麦康凯和伊红-美蓝琼脂平板上，37℃温箱内培养 24 小时观察。麦康凯琼脂上呈粉红色菌落。在伊红-美蓝琼脂平板上呈深紫色，凸起，表面湿润有金属光泽的菌落。该分离菌能分解葡萄糖、乳糖、麦芽糖、甘露醇并产酸产气；能产生靛基质，不产生硫化氢，MR 试验和吲哚试验为阳性，VP 试验为阴性。

攻毒试验：将分离培养的细菌用灭菌生理盐水洗下后接种试验

用小鼠，小鼠在48～72小时内死亡，从小鼠身上可分离到大肠杆菌。该菌对恩诺沙星、新霉素、阿米卡星高度敏感；对强力霉素、庆大霉素、氟苯尼考中度敏感；对青霉素、链霉素、红霉素不敏感。

(2) 鹅卵黄性腹膜炎的防治 应根据药敏试验结果，选用敏感药物进行治疗和预防。每只胸肌注射阿米卡星10毫克/千克体重，2次/天，连注3天。对大群鹅可用阿米卡星20～25毫克/千克体重，集中饮水，2次/天，连用3～5天，新霉素10～15毫克/千克体重，集中拌料饲喂，2次/天，连用3～5天，或用恩诺沙星5～7.5毫克/千克体重，集中拌料饲喂，2次/天，连用3～5天。以上药物预防量减半。

平时搞好鹅舍的清洁卫生，经常清除粪便，更换垫料，饲槽和饮水器要经常清洗和消毒，保持通风良好、密度适宜，冬季要保温，减少应激反应，加强饲养管理等。对公鹅进行逐只检查，凡种公鹅外生殖器上有病变的，一律淘汰，以防传播本病。

免疫接种：使用多价大肠杆菌苗进行预防。母鹅产蛋前15天，每只肌内注射1毫升，然后将其所产的蛋留做种用。雏鹅7～10日龄接种，每只皮下注射0.5毫升，有条件的情况下，用自场分离大肠杆菌灭活油乳剂疫苗进行免疫注射，效果较好。

204. 如何诊断与防治鹅副伤寒?

鹅副伤寒又称鹅沙门菌病，是由沙门菌感染引起的一种急性或慢性传染病，雏鹅多呈急性或亚急性经过，死亡率高，成鹅常为慢性或阴性经过，成为带菌者。

(1) 鹅副伤寒的诊断 根据临床症状和病理变化可做出初步诊断，确诊需依靠细菌的分离鉴定等实验室检验。

① 临床症状 垂直感染的雏鹅，一般在胚胎期就会死亡，极个别会出壳，但很快死亡，无明显临床症状。

生长期感染的雏鹅，临床表现精神萎靡，嗜睡呆立，食欲不

佳，经常性饮水，水样或稀粥样排泄物，并混有气泡，颜色为黄绿色，由于腹泻使肛门周围被粪便污染严重，严重时稀便干涸后会堵塞肛门，引起雏鹅排便困难。雏鹅在呼吸时表现为张口呼吸，呼吸困难。羽毛蓬松，无光泽，翅膀下垂。结膜发炎，潮红，水肿，有时可见眼睑湿润流泪。大多数雏鹅在发病2～5天会出现死亡，个别雏鹅病程也可长至1周以上。成年鹅群一般表现慢性感染或者隐性感染，慢性症状表现为消瘦，腹泻，粪便中带血。隐性感染的病鹅无明显的临床症状，虽然不会引起本身发病死亡，但由于携带病菌，对其他健康鹅群危害极大。

② 病理变化　剖检病死雏鹅，主要病变表现为肝脏浮肿，充血，表面不光滑，有黄白色斑点，肝实质内出现坏死灶；胆囊肿大，肠黏膜充血，伴有出血点，在肠黏膜表面有淋巴滤泡肿胀的突起物，剪开盲肠发现，内部有白色豆腐样物。

③ 实验室检验

镜检：剖检病死雏鹅，用肝脏或者脾脏涂片，自然干燥，经革兰染色、镜检，可见两端钝圆、革兰阴性的细长杆菌，即可初步判断为感染沙门菌。

分离培养：无菌采取肝脏和脾脏，分别接种于普通琼脂培养基、SS琼脂培养基和麦康凯琼脂平皿等培养基，于37℃培养24小时，可发现无色、透明或半透明、圆形、光滑的菌落。之后挑选菌落接种于三糖铁琼脂斜面培养基和尿素培养基中进行沙门菌鉴定，也可用沙门菌属显色培养基进行快速鉴别。

血清学反应：在玻片上滴加少许生理盐水，挑选疑似沙门菌菌落于盐水中混匀后均匀涂抹，再加入沙门菌多价血清，轻轻摇晃，在1分钟内发生凝集，也可判定为感染沙门菌。

（2）鹅副伤寒的防治　如发现雏鹅发病，要立即隔离、深埋或烧毁死鹅，防止雏鹅间的相互感染。有条件的应进行细菌分离和药敏试验，选择最有效的药物进行治疗，常用磺胺类、呋喃类药物，土霉素、金霉素等抗生素类药也有一定疗效。发现病鹅及时隔离消毒。治疗用土霉素混料，用量按0.08%～0.10%，连用5～7天；饮水用0.06%～0.26%，连用3～5天。氯霉素混料0.05%～0.10%，连用3～5天。病鹅不能留为种用。

本病预防需注意以下几点：首先要将鹅按不同日龄进行分群，单独饲养，且不可混合饲养，加强管理，对场舍、用具定期消毒。防止交叉感染。其次要防止蛋源污染。在生产、流通、孵化环节一定要规范化储运种蛋，保持种蛋的卫生，筛选去除不合格和被污染的种蛋。孵化前，要及时给孵化器消毒，入孵前要给种蛋消毒以防交叉感染。保证孵化过程全进全出模式进行，经常保持孵化室通风，消毒。另外，防止媒介传播也很重要。饲养场的环境非常适宜老鼠的生存，应及时灭鼠，防止老鼠大量繁殖携带和传播沙门菌，使该病扩散流行。因此，在鹅育雏阶段，一定要严控发生鼠患，消灭传播媒介。

205. 如何诊断与防治雏鹅大肠杆菌病?

鹅大肠杆菌病在鹅病中占有较大比例，对养鹅业造成较大危害。除203问所述成年鹅发生的以侵害生殖系统为主要症状病变的鹅蛋子瘟外，雏鹅也可感染发生以败血症、腹泻和气囊炎等为主要特征的雏鹅大肠杆菌病。

(1) 雏鹅大肠杆菌病的诊断 根据临床症状、剖检变化及实验室检验，可进行该病的诊断。

① 临床症状

急性败血症：各种年龄的鹅都可发生，但以7～45日龄的鹅较易感。病鹅精神沉郁，羽毛松乱，怕冷，缩头闭眼，嗜睡或不断尖叫，体温升高（比正常鹅高1～2℃）。粪便稀薄而恶臭，混有血丝、血块和气泡，肛周沾满粪便，食欲废绝，渴欲增加，呼吸困难，最后衰竭窒息而死亡，死前出现腿抽筋、仰头、扭头等神经症状，死亡率较高。

慢性型：病程3～5天，有时可达十多天。病鹅精神不振，食欲减少，无渴欲，呼吸困难，气喘，发出呼吸声，喜卧，站立不稳，头向下弯，嘴触地，口流清水，排黄白色稀便，肛门周围沾满粪污。病雏鹅精神不振，缩颈，闭目呆立，排出青白色的稀粪，肛门羽毛被粪便沾污。吃料减少，饮水增多，羽毛松乱，干脚。特征是一般先结膜发炎，眼睛流泪，有的上下眼睑粘连，严重者见头部、眼睑、下颌部水肿，尤其下颌部明显，触之有波动感，即所谓小鹅肿头症，有当天死亡的、有4～6天后死亡的。

② 剖检病变　败血型病例主要表现为纤维素性心包炎、气囊炎、肝周炎。肠黏膜充血、出血，脾肿大、质地较脆。有的表现为全眼球炎、关节滑膜炎、肉芽肿等。剖检病死雏鹅，最显著的病变是黄白色纤维素性渗出物波及整个腹腔，特别是心包膜及肝脏表面，气囊也发生纤维素性炎症，表面附着湿润的颗粒凝乳状渗出物。腹腔及心包大量积液，心包液呈淡黄色浑浊。肝脏肿大，表面可见出血点及乳白色纤维素膜附着、质脆。腺胃乳头出血，肝脏肿大、柔软。脾脏轻微肿大，有出血。肠道黏膜出血，易刮落。

③ 实验室检验

涂片镜检：分别无菌采取肝、脾组织触片和心血涂片，经革兰染色后镜检，可见大量单个或成丛、无荚膜、两端钝圆的革兰阴性小杆菌。

细菌培养：以无菌操作取病死雏的心、肝及脾组织，分别接种于普通琼脂平板、麦康凯琼脂平板上，37℃培养24小时。在普通琼脂平板上形成灰白色、圆形、光滑、湿润、边缘整齐、直径1～3毫米的菌落；在麦康凯琼脂平板上形成边缘整齐、稍隆起、表面光滑湿润、直径1.5～2.5毫米、粉红色的圆形菌落。将培养后的典型菌落制片，革兰染色、镜检，可见与涂片检查相同的革兰阴性、两端钝圆的短杆菌。

生化试验：将分离菌做生化试验，该菌能分解葡萄糖、麦芽糖、山梨醇、甘露糖、果糖、蔗糖，产酸产气；不分解淀粉、肌醇和尿素；MR试验阳性，V-P试验阴性。

(2) 雏鹅大肠杆菌病的防治 致病性大肠杆菌易产生耐药性，治疗需在患病的早期进行磺胺类抗生素类和呋喃类药物治疗，均有良效。但须注意鹅场常用某种药物作为饲料添加剂，而使一些菌株产生耐药性的问题。饲料中还可添加多维素和微量元素，以提高鹅体的抗病能力，还可添加大蒜素，改变肠道环境，增加肠道有益菌。

雏鹅大肠杆菌病是危害养鹅业的重要传染病之一，平时应做好对本病的预防工作，消除病菌侵入和感染门户。加强饲养管理，喂全价配合饲料，并注意补充多种维生素及微量元素，并要保证饲料和饮水的清洁卫生。做好鹅舍的消毒工作，及时清除鹅舍内粪便及污物，保持鹅群周围环境清洁卫生，保持鹅舍干燥，垫料要及时更换和消毒。避免外来污水的污染并做好水源的清洁、消毒工作。在雏鹅初饮时，在水中添加电解多维和维生素C，连续饮用5～7天，可有效控制发病。

206. 如何诊断与防治鹅流行性感冒?

小鹅流行性感冒是由鹅败血嗜血杆菌引起的一种小鹅的急性渗出性传染病，简称小鹅流感，主要是1个月内的小鹅发病，其中20日龄左右雏鹅最易感本病。临床上主要表现为呼吸道症状，多发于冬春季节，气候突变、鹅舍温差大、长途运输和饲养管理不善等均可导致本病发生。

(1) 鹅流行性感冒的诊断 根据临床症状、剖检病变和实验室检验进行诊断。

① 临床症状 本病潜伏期仅几小时。患病鹅常见饮食废绝，羽毛蓬乱，闭目挤堆，行走不稳。最典型的症状为病鹅鼻腔中流出大量的浆液性鼻液，呼吸急促或张口呼吸，有时病鹅为排除鼻液，用力甩头，致使患鹅的前半身被鼻液浸湿。死亡前出现下痢。本病病程仅2～4天，死亡率因细菌的毒力和饲养管理因素而有很大差异。但是严重病例亦可发生全群死亡。有的严重病鹅不死，但可导致终生行走不便，很难用药物治愈。

② 剖检病变　主要病变在呼吸器官，有明显的纤维素性薄膜增生，常有半透明渗出液，脾肿大，表面有粟粒状灰白色斑点，心内、外膜及肠黏膜充血和出血，肝有脂肪变性。

③ 实验室检验　取病死小鹅的肝进行触片制备并通过碱性复红染色后，普通光学显微镜下可见球杆菌，呈单个或成对排列。

(2) 鹅流行性感冒的防治　饲养管理好坏与小鹅流感的发病有直接关系。因此，对于雏鹅要注意饲料、营养的合理配合，育雏的最初1周内温度应保持在27～28℃，以后每周降低2～3℃，直至降到常温。还应注意保持垫草和饮水的清洁卫生，饲养密度要适当。另外，在初次放牧时，要选择晴、无风的天气，温度要适宜，同时也要避免雨淋，防止低温应激而致发病。

对病死小鹅一律无害化处理，对鹅舍、场地、器具及周围环境用消特灵、烧碱进行彻底消毒。发病鹅群可投服磺胺类药物和氯霉素进行治疗。磺胺嘧啶片首次每只雏鹅口服0.25克（每片0.5克），以后每隔4小时服1/4片。或用增效联磺片。20%的磺胺嘧啶钠针剂每只雏鹅每次肌内注射0.5～1毫升，每天注射3次。对尚未出现临床症状的小鹅每羽颈部皮下注射0.5毫升嗜血杆菌纯培养灭活菌苗，连用3次，每次间隔5天。

207. 如何诊断与防治鹅衣原体病？

衣原体病又称鹦鹉热或鸟疫，是由鹦鹉热衣原体引起的一种接触性传染病，也是各种畜禽和人类的共患传染病。在家禽中，鸭、鹅、鸡、火鸡及鸽都可感染。鹅衣原体一般毒力较低，很少造成流行或爆发，常呈现无症状感染。然而，如果饲养密度过大、鹅只受冷、育雏室空气污浊，通风不良、营养低劣，特别是并发禽流感、鸭疫里默氏杆菌病、沙门菌病、大肠杆菌病等，容易造成一定程度的流行。本病可以在鹅和鸭之间互相传染，不同年龄的鹅对衣原体有不同的易感性。一般是幼龄鹅比成年鹅易感。传染来源及途径主要是由病鹅传给健鹅，通过空气经呼吸道传播。也可通过鹅胚垂直传播。

(1) 鹅衣原体病的诊断 根据临床症状、病理变化和实验室检验进行诊断。

① 临床症状 患鹅初期表现全身震颤，步态不稳，食欲消失，精神沉郁，生长停滞，腹泻，排出绿色水样稀粪。眼结膜及鼻发炎，流出浆液性及脓性分泌物，并将眼和鼻孔周围的羽毛粘连，时间稍长则结成干痂或脱落。随着病程的发展，病鹅明显消瘦，肌肉萎缩，最后出现麻痹、惊厥而死亡。本病常并发鸭疫里默氏杆菌病、沙门菌病及眼型大肠杆菌病。

② 病理变化 主要病变见于结膜炎、鼻炎、眶下窦炎，偶见有全眼球炎，眼球萎缩。在胸、腹腔和气囊膜见有纤维素性渗出物附着。气囊壁浑浊，增厚。胸肌萎缩，常出现纤维素性心包炎。肝、脾充血肿大。肝表面呈肝周炎，表面覆盖一层灰色或黄色纤维素性薄膜。

③ 实验室检验

镜检：用病鹅的肝、脾表面，气囊、心包和心外膜触片，空气干燥或火焰固定后，姬姆萨染色镜检，衣原体原生小体呈红色或紫红色，网状体呈蓝绿色。只有包涵体中的原生小体具有诊断意义。因为网状体易于同细胞正常结构相混淆，也不易与背景颜色区分。

免疫荧光法：也可采用免疫荧光技术进行检查，经丙酮固定的组织或干燥分泌物触片用适当的荧光抗体进行染色后置荧光镜下检查。

分离培养：也可将病料经卵黄囊接种于6～7日龄鸡胚，收集接种后3～10天内死亡的鸡胚卵黄囊。观察鸡胚病变，制备触片，染色镜检。

(2) 鹅衣原体病的防治 应加强饲养管理，保持鹅舍和环境的清洁卫生，避免各种应激因素的刺激，禁止鹅群与其他禽类接触。疫区种蛋要进行检疫，确定无衣原体的种蛋才能孵化。

鹅群一旦感染本病，应对病鹅进行隔离及死鹅尸体深埋或焚

毁。被污染的饲料也应销毁，鹅舍、活动场地及用具等可采用5%漂白粉溶液，或0.3%过氧乙酸，或2%次氯酸钠，或0.1%抗毒威等喷雾消毒。并应做好个人防护，防止人员感染。对病鹅的处理多是淘汰，如要治疗可选用金霉素、土霉素、四环素等抗生素拌料，连用3周，可取得良好的防治效果。如饲喂金霉素应降低饲料中的含钙量。

208. 如何诊断与防治鹅曲霉菌病?

鹅曲霉菌病，又称曲霉菌性肺炎，是由烟曲霉菌、黄曲霉菌、黑曲霉菌等所致的一种家禽常见的霉菌病。幼年鹅对烟曲霉菌最容易感染，常呈急性爆发，发病率很高，可造成大批死亡。

(1) 鹅曲霉菌病的诊断 通过临床症状、剖检病变和实验室检查进行该病的诊断。

① 临床症状 雏鹅减食或不食，饮水增加，翅下垂，羽毛松乱，嗜睡，反应迟钝，随后喘气，呼吸次数增加，其头颈伸直，张口呼吸，有时病鹅摇头、甩鼻、打喷嚏。有的病雏鹅眼、鼻流浆液性液体，其瞬膜有绿豆大小的隆起并使眼睑鼓起，用力挤压隆起部可见黄色干酪样物，病鹅角膜中央形成溃疡。有的病雏鹅出现腹泻、吞咽困难等病状。

② 剖检病变 病死鹅肺、气囊和胸、腹腔浆膜上有大头针针帽大至小米粒大或绿豆大的结节，结节呈灰白色、黄白色或淡黄色，其质地稍柔软，有弹性，切开结节，其内容物呈干酪样。病鹅气囊膜浑浊、变厚，肺上有许多结节，结节致使肺组织变硬、弹性消失。病死鹅鼻腔、喉头有黏液，其黏膜充血或出血。

③ 实验室检查

镜检：无菌采取病死鹅肺部黄白色结节剪碎，将剪碎的结节置于载玻片中央，滴加10%～20%氢氧化钾溶液1～2滴后盖上盖玻片，将载玻片在酒精灯上稍加热并轻压盖玻片。将制好的载玻片置于显微镜下观察，结果见曲霉菌菌丝，菌丝有分隔，有分生的孢子柄和孢子。

分离培养：采取病死鹅肺脏、肝脏、气囊等组织的坏死结节剪碎后，分别接种于沙堡弱琼脂平板和察氏琼脂平板（每块平板接种3点），置37℃条件下培养。结果培养物在沙堡弱琼脂平板上培养至7天时，形成直径3～4厘米，表面颜色由绿色变为蓝绿色，以至黑色的菌落（此为烟曲霉菌）；在察氏琼脂平板上培养至10天时，形成直径为6～7厘米，其表面光滑或有皱纹，颜色由黄色、黄绿色变为深黄绿色的菌落（此为黄曲霉菌）。

（2）鹅曲霉菌病的防治 加强饲养环境卫生，不用发霉的垫草、垫料和禁喂发霉的饲料是预防曲霉菌病的主要措施。梅雨季节，鹅舍必须每天清扫消毒，保持舍内干燥清洁，使用过的垫草切勿晒后复垫。鹅发病后立即更换垫料和停止使用发霉饲料，病鹅可用制霉菌素（治疗每100只雏用50万国际单位混料），连用3天，同时用1∶3000的硫酸铜饮水3～5天。也可内服灰黄霉素，在饮水中添加1∶3000的硫酸铜溶液也有一定效果。

209. 如何诊断与防治鹅螺旋体病?

鹅螺旋体病是由鹅包柔螺旋体引起鹅的一种由蜱传播的容易复发的急性败血性传染病，又称包柔病。发病率10%～100%，死亡率一般为1%～2%。由于本病是由蜱作为媒介传播的，特别是蜱滋生的平养鹅舍中更易流行。若有大量吸血昆虫媒介的存在，则可造成全群性毁灭。

（1）鹅螺旋体病的诊断 通过临床症状、剖检病变和实验室检查进行该病的诊断。

① 临床症状 病鹅体温突然迅速升高，精神委顿，食欲减退，不食，羽毛蓬乱，头下垂而发绀，缩成一团，不动。后期渴欲增加，腹泻，瘫痪，消瘦，贫血，排出浆液性绿色稀粪，肝、脾显著肿大，内脏出血，极度衰竭，很快死亡。

急性型：突然发病，来势凶猛。初期精神委顿，羽毛松乱，垂头闭眼，体温升高，食欲废绝，排绿色稀粪。后期冠苍白、黄染，体温下降，跛行，翅麻痹，贫血，最后抽搐死亡。病程4～6天。

亚急性型：该型较多发生，其显著特点是体温时高时低，呈弛张热型。其他症状较急性型为轻，病程8～15天。如不及时治疗，则迅速死亡。

一过型：该型很少见，病初发热，厌食，垂头呆立，1～2天后体温逐渐下降，病情好转，不治而愈。

② 剖检病变。尸体消瘦，冠、肉髯呈淡黄色。泄殖腔周围的羽毛与稀粪黏在一起。内脏变化主要在肝、脾，脾脏明显肿大，比正常大3～5倍，呈暗紫色或棕红色，表面点状出血，切面呈“槟榔样”。肝肿大，较脆，呈砖红色脂肪变性，表面有出血点和灰白色点状坏死灶。肾肿大，呈苍白色或棕黄色，输尿管中有尿酸盐沉积。肠道中常有绿色黏液样内容物，有卡他性肠炎，小肠有时有充血或出血点。腺胃和肌胃交界处有出血点。肺充血、水肿。心外膜见有纤维素性蛋白物包裹。

亚急性或慢性病例，常有消瘦，黄疸，内脏苍白，肝、脾体积比正常反而缩小。

③ 实验室检查

镜检：采血制成血涂片（不染色），用暗视野显微镜检查有无螺旋体。

动物接种：当显微镜检查结果为可疑时，可采取病鹅的心血或用脏器（或骨髓）制成悬液，感染2月龄以下的雏鹅，每只肌内注射0.5毫升。如被检材料含有螺旋体时，雏鹅于接种后4～7天发病，在末梢血管采血制成血片，很容易发现螺旋体。

(2) 鹅螺旋体病的防治 设法消灭螺旋体的传播媒介——波斯锐缘蜱及蚊子和禽螨，是防止发生本病的最重要措施。可用5%克辽林消毒禽舍，然后用石灰乳剂喷洒墙壁及地板；用0.5%马拉硫磷浸浴可以控制幼蜱；也可用溴氰菊酯25～50毫克/升溶液进行喷洒；或用拟除虫菊酯类杀虫剂粉剂喷涂体表羽毛，均可杀灭体表的蜱。在流行地区避免将有蜱寄生的禽类引进到健康群。在有螺旋体病发生的地区，防蜱的工作不仅在有病发生时进行，而且应在早春蜱复活的季节之前进行。

治疗本病可用以下药物：新胂凡纳明对治疗本病有效，注射1～2次即可痊愈，一次剂量为每千克体重30～50毫克，用蒸馏水溶解肌注。病初肌注大量青霉素可迅速治愈本病，并可预防新的传染。成鹅每只肌注4万～6万国际单位，每天1次，两天为1个疗程。其他对本病敏感的抗生素还有氯霉素、卡那霉素、泰乐菌素、氟苯尼考等，均有较好的疗效。对氨苯胂酸钠，成鹅每千克体重0.05克、幼鹅0.03克，肌内注射。

210. 如何诊断与防治小鹅瘟?

小鹅瘟是由小鹅瘟病毒引起的一种急性败血性传染病，一般发生于4日龄至20日龄以内的雏鹅，30日龄以上的仔鹅发病少。发病日龄越小，发病率和死亡率越高。最高的发病率和死亡率出现在10日龄左右的雏鹅，15日龄以上的雏鹅比较缓和，发病率和死亡率较低，有少数患病雏鹅可自行康复。各品种的鹅群均可感染，一年四季均可发生流行。本病以小肠黏膜表层大片坏死脱落与渗出物凝成假膜栓子物堵塞于小肠。

(1) 小鹅瘟的诊断 通过临床症状、剖检病变和实验室检查进行该病的诊断。

① 临床症状 本病潜伏期为3～5天，以消化系统和中枢神经系统扰乱为主要表现。根据病程的长短不同，可将其临诊类型分为最急性型、急性型和亚急性型三种。

最急性型：多发生于3～10日龄的雏鹅，通常是不见有任何前驱症状，发生败血症而突然死亡，或在发生精神呆滞后数小时即呈现衰弱，倒地划腿，挣扎几下就死亡，病势传播迅速，数日内即可传播全群。

急性型：多发生于15日龄左右的雏鹅，患病雏鹅表现精神沉郁，食欲减退或废绝，羽毛松乱，头颈缩起，闭眼呆立，离群独处，不愿走动，行动缓慢；虽能随群采食，但所采得的草并不吞下，随采随丢；病雏鹅鼻孔流出浆液性鼻液，沾污鼻孔周围，病鹅频频摇头；进而饮水量增加，逐渐出现拉稀，排灰白色或灰黄色的水样稀粪，常为米浆样浑浊且带有气泡或有纤维状碎片，肛门周围绒毛被沾污；喙端和蹼色变暗（发绀）；有个别患病雏鹅临死前出现颈部扭转或抽搐、瘫痪等神经症状。据临床所见，大多数雏鹅发生急性型，病程一般为2～3天，随患病雏鹅日龄增大，病程渐而转为亚急性型。

亚急性型：通常发生于流行的末期或20日龄以上的雏鹅，其症状轻微，主要以行动迟缓、走动摇摆、拉稀、采食量减少、精神状态略差为特征。病程一般4～7天，间或有更长，有极少数病鹅可以自愈，但雏鹅吃料不正常，生长发育受到严重阻碍，成为“僵鹅”。

② 剖检病变

最急性型：最急性型病例，剖检时仅见十二指肠黏膜肿胀充血，有时可见出血，在其上面覆盖有大量的淡黄色黏液；肝脏肿大、充血、出血，质脆易碎；胆囊胀大、充满胆汁，其他脏器的病变不明显。

急性型：急性型病例，可见肝脏肿大，充血出血，质脆；胆囊胀大，充满暗绿色胆汁；脾脏肿大，呈暗红色；肾脏稍为肿大，呈暗红色，质脆易碎。肠道有明显的特征性病理变化；病程稍长的病例，小肠的中段和后段，尤其是在卵黄囊柄与回盲部的肠段，外观膨大，肠道黏膜充血出血，发炎坏死脱落，与纤维素性渗出物凝固形成长短不一（2～5厘米）的栓子，体积增大，形如腊肠状，手触腊肠状处质地坚实，剪开肠道后可见肠壁变薄，肠腔内充满灰白色或淡黄色的栓子状物（以上俗称为腊肠粪的变化，是小鹅瘟的一个特征性病理变化）。也有部分病鹅小肠中后段未见明显膨大，但可见到肠黏膜充血出血，肠腔内有大量的纤维素性凝块和碎片，未形成坚实栓子。

③ 实验室检验

病毒分离：无菌采病雏鹅肝、脾、脑等，剪碎后以1∶5加入生理盐水，磨碎制成悬液，离心除去沉淀，加抗生素后接种10～15日龄鹅胚或者番鸭胚的尿囊腔，观察胚体的病变和死亡情况，收集尿囊液。用病料或收获的尿囊液经肌肉接种易感雏鹅或番鸭，如果死亡且具有鹅细小病毒（GPV）的典型特征性症状，并且也能从死亡雏鹅或番鸭中分离到病毒，即可证实此病。此外，对收集的尿囊液进行电镜观察，如果观察到病毒的存在也可证明该病感染。

血清学诊断：可通过琼脂扩散试验、中和试验等进行检测。

(2) 小鹅瘟的防治 预防小鹅瘟首先应进行种鹅的免疫，种鹅免疫后所产的蛋含有抗小鹅瘟病毒的特异性抗体，雏鹅从卵黄中获得抗体可防止小鹅瘟感染；如出壳雏鹅未能获得母源抗体，可注射小鹅瘟高免血清；雏鹅也可注射雏鹅疫苗来防止小鹅瘟的发生。

种鹅免疫：建议用小鹅瘟弱毒苗进行二次免疫，第一次在种鹅产蛋前一个月用种鹅苗进行免疫或用小鹅瘟弱毒苗10倍量进行免疫；第二次在种鹅产蛋前15天左右用种鹅疫苗肌内或皮下注射，也可用小鹅瘟弱毒疫苗进行10倍量免疫。

雏鹅免疫：对未进行种鹅免疫的或种鹅免疫后期出壳的雏鹅，在出壳24小时内用雏鹅苗进行皮下免疫注射，免疫后7天内严格隔离饲养，防止强毒感染，有较高的保护率。也可应用抗小鹅瘟血清在小鹅瘟流行的区域或被小鹅瘟强毒污染的孵化场，在雏鹅出壳后立即皮下注射0.5～1.0毫升，能有效地控制小鹅瘟的流行。

对被感染的雏鹅群，皮下注射0.8～3.0毫升高免血清，保护率可达80%左右。对早期的病雏鹅，皮下注射2毫升高免血清，治愈率可达90%左右，7～10天后要再注射血清或疫苗，进行加强免疫。本病的预防主要是不从疫区引进鹅苗和种蛋，坚持自繁自养。环境要经常清扫消毒，药物可用甲醛、过氧乙酸、百毒杀及各种含氯制剂。对发病的鹅要严格封锁隔离，病死鹅要焚烧、深埋，不乱扔。

211. 如何诊断与防治禽流感？

鹅禽流感是由A型流感病毒中的致病性血清型毒株引起的鹅全身性或呼吸道性传染病，有高致病性和低致病性两种类型。高致病性禽流感对鹅具有高度致病性，低致病性禽流感可引起部分种鹅死亡，使产蛋率明显下降并在很长时间内不能恢复，严重的全群被淘汰，给饲养户造成巨大的经济损失。鹅禽流感一年四季都有可能发生，以冬春季最常见。天气变化大、相对湿度高时发病率较高。各龄期的鹅都会感染，尤以1～2月龄的仔鹅最易感病。发病时鹅群中先有几只出现症状，1～2天后波及全群，病程3～15天。

(1) 禽流感的诊断 通过临床症状、剖检病变和实验室检查进行该病的诊断。

① 临床症状　患病鹅突然发病，精神沉郁，羽毛松乱，双翅下垂，体温升高，减食或废食；眼红流泪，部分鹅单侧或双侧性角膜浑浊，重者失明；部分鹅流鼻涕或流出鲜红色血液；两脚发软，站立不稳，不愿走动，部分鹅头颈肿大，出现歪头斜颈、在水中转圈等神经症状，部分病鹅脱肛，产蛋量下降20%～50%。拉黄白色或黄绿色水样稀粪。病程一般为2～4天。

② 剖检病变　鼻黏膜、眼结膜和瞬膜充血，出血，角膜灰白浑浊，鼻腔充满血样黏液性分泌物；喉头、气管充血，出血；心肌出现灰白色坏死斑；肝肿大、质脆；脾肿大突出，表面有糜烂状灰白色斑点；胰腺斑点出血，透明或白色灶样坏死；肠膜灶性斑状出血或出血性溃疡；卵巢卵泡充血，斑状坏死。头部肿大的病例可见头部及下颌皮下呈胶冻样水肿。

③ 实验室检验　以无菌拭子采集气管或泄殖腔病料或病变组织，研磨制成10%悬液，经处理后接种9～11日龄SPF鸡胚，收获尿囊液测定血凝活性，若为阴性则应继续盲传2～3代。对具有

血凝活性的尿囊液需先用新城疫（ND）抗血清做血凝抑制试验（HI试验），以排除新城疫的可能，即使ND阳性也应采用中和法继续传代，看是否为ND与禽白血病（AIV）混合感染。然后用免疫扩散等方法来检测特异性核心抗原——核糖蛋白（NP）或基质蛋白（MP），然后用血凝抑制试验和神经氨酸酶抑制试验鉴定A型流感病毒亚型。分离鉴定的同时，进行致病力试验，确定毒力的强弱。

（2）禽流感的防治 该病预防的关键是控制病原的传入，尤其在引进鹅苗、种鹅和种蛋时，必须检疫。坚持全进全出的饲养方式。平时加强环境、用具、人员等的消毒。做好其他疫病的免疫，以利提高机体的抵抗力。免疫可用灭活疫苗、单价苗或双价苗。鹅雏在出壳24小时内要注射高免血清（0.8～1.0毫升）。平时监测鹅群抗体水平，在45日龄时注射疫苗。发病鹅以抗该病毒血清加抗病毒药，配合维生素A、维生素D、维生素E及肾脏解毒药进行治疗，可使症状减轻，减少死亡和控制继发感染。一旦发生强毒株引发该病，应该上报疫情，按国家规定进行处理。

212. 如何诊断与防治鹅副黏病毒病?

鹅副黏病毒病是由鹅副黏病毒引起的鹅的一种以消化道病变为特征的急性传染病。各种年龄的鹅对鹅副黏病毒病都具有较强的易感性，日龄越小发病率、死亡率越高，10日龄以内的雏鹅发病率和死亡率可达100%，10～15日龄雏鹅发病率和死亡率可达90%以上。本病无季节性，一年四季均可发生，常呈地方性流行。

（1）鹅副黏病毒病的诊断 通过临床症状、剖检病变和实验室检查进行该病的诊断。

① 临床症状 鹅副黏病毒病的潜伏期为3～5天，人工感染雏鹅和青年鹅2～3天发病，病程1～4天。病鹅精神委顿，缩头垂翅，食欲不振或拒食，饮水量增加，行动缓慢，不愿下水，下水后浮在水面随水流漂游。病鹅拉黄白色稀粪便或水样便，有时带血呈

暗红色。成年鹅将头插于翅下，严重者常见口腔流出水样液体，并有扭颈、转圈、仰头等神经症状，特别是饮水后病鹅有甩头、咳嗽、呼吸困难等现象。成年鹅病程稍长，产蛋量下降，康复鹅生长发育受阻。

② 剖检病变　病死鹅机体脱水，眼球下陷，脚蹼干燥，皮肤淤血，皮下干燥；肝脏肿大，淤血，有芝麻或绿豆大的坏死灶；胰腺肿大，有灰白色坏死灶；心肌变性；下段食道黏膜有散在的灰白色或淡黄色芝麻大小溃疡结痂，剥离后留有斑痕及溃疡面；腺胃和肌胃黏膜充血，有出血斑点；肠道黏膜有不同程度的出血，空肠和回肠黏膜上常有散在的淡黄色豆大小坏死性假膜，剥离后呈溃疡面；盲肠扁桃体肿大，出血。有的病死鹅脑充血、淤血。

③ 实验室检验　该病毒能引起 10 日龄鸡胚死亡，并在鸡胚尿囊液中具有较高血凝效价的病毒，且能被该病康复鹅血清特异性抑制。用传代毒株接种鹅胚，可在 48 小时将其致死，但病毒不能致死鸭胚。用传代毒株鸡胚尿囊液感染易感鹅可致发病与死亡，具有与自然病例相同的症状和病理变化，并能从病料中同收到病毒；人工感染可引起发病与死亡，亦能从病料中回收到病毒；人工感染鸭不能引起临床症状和肉眼可见的病理变化。

(2) 鹅副黏病毒病的防治　尚无特效药物治疗，应以预防为主。做到不从疫区引进种鹅和雏鹅；制定切实可行的卫生、消毒制度，做好病鹅和健康鹅的隔离工作；不能把鹅与其他禽类混养；制订免疫计划，并认真搞好免疫接种。在鹅副黏病毒病发生流行的区域应尽早进行免疫接种。

种鹅免疫：种鹅留种前需经过 3 次疫苗免疫注射，产蛋前 15 天左右再进行一次 3～4 倍量以上的免疫，使产蛋期内有较高的保护率，使雏鹅从卵黄中获得抗体。

雏鹅免疫：经种鹅免疫的雏鹅，在 10～15 日龄内进行首次免疫。无母源抗体的雏鹅在 1～7 日龄时或 10～15 日龄时进行首次免疫。仔鹅在 50 日龄左右应再进行一次免疫。也可应用抗鹅副黏病毒病抗体，病雏鹅可按每只皮下注射 2.0～3.0 毫升进行治疗。对无母源抗体的雏鹅，可以在出壳 24 小时内注射副黏病毒抗体（血清）1 毫升/只作为预防。在对病鹅群作紧急预防时，应勤换注射针头，防止通过注射而发生感染，严格进行注射器、针头及鹅体注射部位的消毒。紧急预防时除了应用抗体外，可同时应用抗生素和抗病毒药物。

213. 如何诊断与防治鹅新型病毒性肠炎?

雏鹅新型病毒性肠炎是由雏鹅新型病毒性肠炎病毒引起的 3～30 日龄雏鹅的一种卡他性、出血性、纤维素性和坏死性肠炎。临床上以剧烈腹泻、脱水和衰竭死亡为特征。本病主要感染雏鹅，自种蛋孵出的小鹅自 3 日龄以后开始发病，5 日龄开始死亡，10～18 日龄达到高峰期，死亡率在 25%～75%，甚至达 100%，30 日龄以后基本不发生死亡。

(1) 鹅新型病毒性肠炎的诊断 通过临床症状、剖检病变和实验室检查进行该病的诊断。

① 临床症状 自然病例通常可以分为最急性、急性和慢性三种。

最急性型：多发生在 3～7 日龄雏鹅，常常没有前期症状，一旦出现症状即极度衰弱，昏睡而死或临死前倒地乱划，迅速死亡，病程为几小时至 1 天。

急性型：多发生于 8～15 日龄雏鹅，表现为精神沉郁，食欲减退。随着病程的发展，病鹅掉群，行动迟缓，嗜睡，不采食，但饮水似不减少。病鹅出现腹泻，排出淡黄绿色、灰白色或蛋清一样的稀粪，常混有气泡，恶臭。呼吸吃力，鼻孔流出少量浆液性分泌物，喙端及边缘色泽变暗，临死前两腿麻痹，不能站立，以喙着地，昏睡而死亡，病程 3～5 天。

慢性型：多发生于 15 日龄以后的雏鹅，表现为精神萎靡，消瘦，间歇性地腹泻，最后因消瘦、营养不良和衰竭而死亡，部分病鹅能够幸存，但生长发育不良。

② 剖检病变　早期死亡病例（10 日龄以内）可见皮下充血、出血；胸肌和腿肌出血，呈暗红色，肝脏淤血，呈暗红色；有小出血点或出血斑；胆囊明显肿胀、扩张，体积达正常 3～5 倍，胆汁充盈，呈深墨绿色；肾脏充血和轻微出血，外观暗红色；小肠严重出血，黏膜肿胀发亮，积蓄有大量黏液性分泌物。直肠与盲肠黏膜肿胀、充血及轻微出血。11 日龄以后死亡的雏鹅有 60%～80%的病例在十二指肠至盲肠这一小肠段出现了典型的类似于小鹅瘟的“香肠样”病理变化，小肠外观膨大，肠壁薄，没有出现栓子的小肠段，表现为严重的出血。栓塞物与肠壁不发生粘连，剪开后肠壁容易与栓塞物分离开。直肠内有较多黏液，泄殖腔充满黄白色稀薄内容物。

③ 实验室检验　确诊需经病毒的分离鉴定和血清学试验。

(2) 鹅新型病毒性肠炎的防治　在鹅新型病毒性肠炎流行发生的地方要进行免疫接种。

种鹅免疫：在留种前至少经过 1 次疫苗的免疫注射。即产前 15 天进行一次加倍量的疫苗免疫注射，在产蛋期内有较好的保护率。

雏鹅免疫：获得母源抗体的雏鹅，可在 10～15 日龄进行疫苗首免，没有获得母源抗体的雏鹅，可在出壳 24 小时内注射该病抗体（血清）1 毫升/只。病鹅可用该病抗体（血清）进行治疗，早期效果明显。同时可以应用抗生素和抗病毒的药物进行治疗。

214. 如何诊断与防治鹅的鸭瘟病毒感染?

鹅的鸭瘟病毒感染又称鹅病毒性溃疡性肠炎，是由鸭瘟病毒引起的一种急性败血性传染病。本病多发生在南方水旺地区，鹅、鸭混养或鹅放牧于鸭瘟流行区域被感染发病。多发生于成年鹅，呈散在性发生，较少发生于雏鹅和仔鹅。症状以高热、流泪、头颈肿大，泄殖腔溃烂，排绿色稀便和两腿发软为特征。病变以食道和泄殖腔黏膜表面有灰黄色或草黄色的坏死物形成的假膜结痂，泄殖腔黏膜常有出血斑点，眼睑水肿且黏膜有出血性或坏死性溃疡灶等特征。

(1) 鹅的鸭瘟病毒感染的诊断 通过临床症状、剖检病变和实验室检查进行该病的诊断。

① 临床症状 病初体温升高到42～43℃，精神萎靡，食欲废绝，两脚发软，伏地不起，翅膀下垂。一个特征性症状是眼睑水肿、流泪，眼周围羽毛湿润。结膜充血、出血。另一个特征是头颈肿大，鼻孔流出多量浆液、黏液性分泌物，呼吸困难，常仰头、咳嗽。腹泻，排黄绿、灰绿或黄白色稀便，粪中带血。肛门水肿，泄殖腔黏膜充血、肿胀，严重者泄殖腔外翻。患病公鹅的阴茎不能收回。倒拎病鹅时，可从口中流出绿色发臭黏稠液体。一般2～5天死亡，有的病程可延长。成年鹅多表现流泪、腹泻、跛行和产蛋率下降。

② 剖检病变 全身浆膜、黏膜、皮肤有出血斑块。眼睑肿胀、充血、出血并有坏死灶。口腔及食道有灰黄色假膜或出血点，嗉囊与腺胃交界处呈现环状色带或黄色假膜，假膜下是出血斑或溃疡。肌胃角质膜下、腺胃黏膜有出血斑或点。肠黏膜弥漫性出血，尤以十二指肠为甚。小肠集合淋巴滤泡肿胀，或形成纽扣状固膜性坏死。直肠后段斑驳状出血或形成连片的黄色假膜。泄殖腔充血、出血、水肿。黏膜表面覆盖有不易剥离的灰绿色坏死结痂，用刀刮有磨砂感。其余尚有心、肝、肾表面出血；肝表面有灰黄或白色坏死灶；脾不肿大，呈斑驳状变性；法氏囊水肿、出血等。

③ 实验室检验

菌检：以无菌操作，采取病料接种于三糖铁、普通营养琼脂、肉汤培养基和鲜血琼脂培养基中，均未发现致病性细菌。

病毒分离：病鹅内脏研磨、离心，上清液用双抗处理后接种于11日龄的鸭胚，均在48～72小时内死亡，胚胎体表水肿并有小出血点，绒毛尿囊膜有灰白色坏死、水肿，肝脏有坏死灶。

动物试验：分离出来的病毒人工感染雏鸭均发病，并可见鸭瘟的典型临床症状及病变。

(2) 鹅的鸭瘟病毒感染的防治 应加强平时的预防工作。不从鸭瘟疫区引鹅；鹅与鸭分群饲养，避免同饮一池水。严格消毒制度，对鹅舍、运动场、水池等定期消毒。受威胁区、疫区的鹅，应用鸭瘟弱毒苗预防接种，方法是：15 日龄以下雏鹅用鸭的 15 倍剂量；15～30 日龄雏鹅用 20 倍剂量；30 日龄以上鹅用 25～30 倍剂量。

对发病鹅群，在采取隔离、消毒措施的同时，用上述剂量的鸭瘟疫苗进行紧急预防接种。对病鹅应多喂青料，少喂粒料，同时用口服补液盐代替饮水，连饮 4～5 天，并在饲料中适当增喂维生素和抗生素，以增强抗病力，预防继发感染。

215. 如何诊断与防治鹅裂口线虫病?

鹅裂口线虫病，是一种由裂口线虫寄生于鹅的肌胃中而引起的寄生虫病。本病常发生于夏秋季节，主要发生在 2 月龄左右的幼鹅，幼鹅感染后发病较为严重，常引起衰弱死亡。成年鹅感染，多为慢性，一般呈良性经过，成为带虫者，我国不少省市均有过本病的报道，鹅群的感染率有的可高达 96.4%，常呈地方性流行。

(1) 鹅裂口线虫病的诊断 通过临床症状、剖检病变和实验室检查进行该病的诊断。

① 临床症状 患病鹅精神委顿、羽毛松乱、无光泽、食欲不振、消瘦、生长发育缓慢、贫血、腹泻，严重者排出带有血黏液的粪便，常衰弱死亡。

② 病理变化 病死鹅通常较瘦弱，眼球轻度下陷，皮肤及脚、蹼外皮干燥，剖检可见肌胃角质膜呈暗棕色或黑色，角质膜松弛易脱落，角质层下常见肌胃有出血斑或溃疡灶，幽门处黏膜坏死、脱落，常见虫体积聚，其周围的角质膜亦坏死脱落，肠道黏膜呈卡他性炎症，严重者内有多量暗红色血黏液。

③ 实验室检查　粪便检查发现虫卵，剖检取获虫体，经鉴定即可确诊。

(2) 鹅裂口线虫病的防治　加强饲养管理，搞好鹅舍的环境卫生，及时清扫、消毒，粪便进行生物热发酵处理。成年鹅与幼鹅分开饲养，不到低洼潮湿地带或死水塘放牧，可大大减少发病。在本病流行的地区，鹅群定期进行预防性驱虫，商品鹅进行1～2次，留种种鹅群须进行2～3次，常用的驱虫药物，如左旋咪唑按每千克体重25～30毫克内服，或用丙硫咪唑按每千克体重50毫克内服。

216. 如何诊断与防治鹅绦虫病?

鹅绦虫病是由矛形剑带绦虫等多种绦虫所致的鹅肠道寄生虫病，常造成仔鹅较高死亡率。成虫寄生在鹅小肠内，孵节片随粪便排到外界，崩解后虫卵散出落入水中，被水中剑水蚤吞食后，幼虫从虫卵里逸出，并在剑水蚤体内发育成为似囊尾蚴，鹅在放牧或食水草或饮池水时吃到含有似囊尾蚴的剑水蚤而发生感染，吸着在小肠黏膜上逐渐发育成为成虫。本病在肠道内可见到绦虫。

(1) 鹅绦虫病的诊断　通过临床症状、剖检病变进行该病的诊断。

① 临床症状　绦虫对鹅的危害主要是破坏吸取营养、产生毒素和机械刺激，症状严重的程度取决于鹅只被感染程度、年龄大小及机体抵抗力。病鹅排出淡黄色稀便，并有臭味，时有血便，混有黏液，夹带有水草碎片，食欲减少，而渴欲增加，生长发育不良，并有神经症状，如步态不稳，运动时尾部着地、歪颈、仰头、背卧或侧卧时两脚划动，多次反复发作，突然倒地，头往后仰，滚转几次后死亡。

② 病理变化　肠腔内有大量虫体积聚，造成肠阻塞、肠扭转，严重的引起肠破裂。肠壁由于绦虫头节的吸附，致使黏膜发生受损，水肿出血，散布灰黄色结节，肠内容物稀臭，含有大量虫卵。

雏鹅死亡表现为消瘦、泄殖腔周围粘有稀便、肝脏稍肿、肠黏膜出血、肠内有绦虫，一般十几条，最多的可达三十多条，长3～4厘米。幼鹅死亡后血液稀薄，出现卡他性肠炎，小肠黏膜增厚、充血、出血，并散布米粒大小结节状溃疡，肠腔内积存数条白色扁平分节状虫体，有的肠段变硬、变粗。

(2) 鹅绦虫病的防治　在绦虫病经常流行的地区，要把大小鹅分开饲养，避免使用同一场地。带虫（卵）的成鹅是主要传染源，通过粪便可大量排出虫卵，每年春、秋、冬三季，及时给成鹅进行彻底驱虫，虫体成熟为20天，故幼鹅应在18日龄全群驱虫1次。有条件的应杀灭剑水蚤，以消灭中间宿主。在已被污染的池塘将水排干，重新灌入新水或施用农药、化肥均可杀灭剑水蚤。

病鹅可用驱线虫药进行驱虫治疗。硫双二氯酚，剂量为150～200毫克/千克体重或按1∶30的比例与饲料混匀喂给。鹅的品种不同，饲养条件不同，对硫双二氯酚的耐受能力也不一样，所以当大群驱虫时，必须先做小群试验，药量取低限，取得经验后再全面开展；对瘦弱鹅，药量酌减，投药后观察排虫情况，粪便要集中堆集，防止扩散。也可用氯硝柳胺以60～100毫克/千克体重均匀地拌入饲料中喂给。或以吡喹酮按10～15毫克/千克体重混在饲料中喂给。石榴皮、槟榔合剂是较古老的驱虫方法，但效果很好，较经济。配法为：取石榴皮、槟榔各100克加水至1000毫升，煮沸1小时，加水调至800毫升去渣即成。剂量为：20日龄雏鹅1.5毫升，30日龄幼鹅2毫升，30日龄以上用2.5～5毫升混入饲料中喂给或用采血器投服，2天用完。服药后10～15分钟，即开始排虫体，持续排虫2～3小时。

217. 如何诊断与防治鹅球虫病?

鹅球虫病是由鹅艾美尔球虫等多种球虫引起的鹅的寄生虫病，各种年龄鹅都可感染，1周龄幼年鹅的发病率和死亡率较高，发病率高达90%～100%，死亡率达10%～80%。每年5～8月为高发季节，多呈地方性流行发生。寄生于鹅的球虫有16种，最常见的为肠球虫。截形艾美尔球虫致病力最强，寄生于肾小管上皮，使肾组织遭到严重破坏，引起肾球虫病，3周至3月龄幼鹅最易感，常呈急性经过，病程2～3天，致死率高达87％。其他种鹅球虫均寄生于肠道，单独感染时，有些种（如鹅艾美尔球虫）可引起严重发病，表现为肠球虫病。

(1) 鹅球虫病的诊断 通过临床症状、剖检病变、实验室检查进行该病的诊断。

① 临床症状 肾球虫病表现精神不振，翅膀下垂，食欲缺乏，极度衰弱和消瘦，腹泻，粪带白色。重症幼鹅致死率颇高。肠道球虫病呈现出血性肠炎症状，食欲缺乏，精神萎靡，腹泻，粪稀或有红色黏液，重者可因衰竭而死亡。

② 病理变化 肾球虫病可见肾肿大，呈淡灰黑色或红色，肾组织上有出血斑和针尖大小的灰白色病灶或条纹，内含尿酸盐沉积物和大量卵囊。肾小管肿胀，内含卵囊、崩解的宿主细胞和尿酸盐。肠球虫病可见小肠肿胀，呈现出血性卡他性炎症，尤以小肠中段和下段最为严重，肠内充满稀薄的红褐色液体，肠壁上可能出现大的白色结节或纤维素性类白喉坏死性肠炎。

③ 实验室检查 镜检卵囊：虫卵镜检用肠黏膜病变部位涂片，经400倍镜检观察多个视野，可见有数量不等的球虫卵囊，取血样的肠内容物进行涂片、镜检，可见椭圆形、圆形和卵圆形的球虫卵囊。

(2) 鹅球虫病的防治 鹅球虫病的防治关键在于搞好环境卫生。鹅粪便做到当天清扫，及时消毒。病鹅可以用磺胺类药物、氨丙啉、球虫灵等药物预防和治疗。治疗时用氯苯胍80毫克/千克混料，连用10天；预防时减半，宰前5～7天必须停药。也可用盐霉素，0.006％混饲（优素精以0.06％～0.07％混喂）。莫能霉素：用含该药20％的预混剂，按0.01％～0.012％混料。制菌磺：以0.05％混料喂3～5天。球痢灵、克球粉、尼卡巴嗪、广虫灵、阿迪平等也有效。

218. 如何诊断与防治鹅棘头虫病?

鹅的棘头虫病是由大多形棘头虫、小多形棘头虫和细颈棘头虫寄生于鹅的小肠所引起的疾病。本病可以引起鹅，尤其是幼鹅的大批死亡。

(1) 鹅棘头虫病的诊断 通过临床症状、剖检病变进行该病的诊断。

① 临床症状 成年鹅患病后往往症状不明显。幼鹅，尤其严重感染时，精神沉郁，食欲减退或废绝，下痢，粪便常常带血，造成患鹅消瘦，生长发育迟缓。当棘头虫虫体固着部位由于发生脓肿或肠穿孔而引起继发性细菌感染时，可以导致病鹅死亡。

② 病理变化 虫体用其前端吻突和吻钩深刺入鹅只肠壁肌层而穿过肠壁的浆膜层时，可以造成肠穿孔，使局部组织受到损伤而为细菌的继发感染创造了条件，从而继发腹膜炎。有时可见肠道的浆膜面上出现突出的黄白色的小结节；肠壁上有大量的虫体。肠黏膜发炎或化脓，有出血点和出血斑。

(2) 鹅棘头虫病的防治 成年鹅为带虫传播者，所以应将幼鹅和成年鹅分开饲养或放牧。在本病的流行区域，经常对成年鹅和幼鹅进行预防性驱虫，并防止棘头虫卵落入水中。有条件的情况下，应将驱虫后的鹅群转到安全的水池放牧。加强粪便处理工作，防止散布病原。治疗可选用下列药物：国产硝硫氰醚，按每千克体重用100～125毫克，一次灌服；或丙硫苯咪唑，按每千克体重用10～25毫克，一次灌服。

219. 如何诊断与防治亚硝酸盐中毒?

鹅亚硝酸盐中毒是由于鹅采食大量含亚硝酸盐的青饲料而引起中毒。如大白菜、包心菜、小白菜、甜菜和菠菜等许多绿色植物都含有较多的硝酸盐，特别是施过硝酸盐化肥的植物，其含量更高。这些青饲料堆放过久，或加盖焖煮而未充分搅拌，煮后焖的时间过久等，均会产生亚硝酸盐，鹅吃了易引起中毒。

（1）鹅亚硝酸盐中毒的诊断 通过了解发病情况和临床症状可初步诊断为鹅亚硝酸盐中毒。鹅表现精神不振，食欲减退或废绝，有的鹅在运动场上不停走动，步伐不稳，排极稀的粪便。有的张口、呼吸困难，口腔黏膜、眼结膜和胸腹部皮肤发紫，全身抽搐，瘫软在地，严重者窒息死亡。

（2）鹅亚硝酸盐中毒的防治 将鹅保定后，向每只鹅腹腔内注射美蓝溶液5毫升，同时每只鹅喂服维生素C两粒，每日2次，连用2天，并在1千克饮水中加100毫升陈醋混匀后供鹅饮用。鹅对青绿饲料采食量较大，而大白菜、萝卜、包心菜等绿色植物中都含有较多的硝酸盐，特别是施用过尿素、硝酸铵、硫酸铵等化肥的大白菜中含量更高，经堆放后极易使其中的硝酸盐转为亚硝酸盐，鹅食用这样的饲料后非常容易引起中毒。因此，养鹅户在鹅的饲养过程中应使用新鲜的青绿饲料及菜类喂鹅，而且菜类不宜长时间堆放，存放时要注意通风、经常翻动。饲喂要控制适宜的量。

220. 如何诊断与防治磺胺类药物中毒？

鹅的磺胺类药物中毒是由于用磺胺类药物防治鹅只的细菌性疾病过程中，应用不当或剂量过大而引起鹅只发生的急性或慢性中毒症。其毒害作用主要是损害肾、肝、脾等器官，并导致鹅只发生黄疸、过敏、酸中毒以及免疫抑制等。往往会造成大批鹅只死亡。1月龄以内的雏鹅因体内肝、肾等器官功能不全，对磺胺类药物的敏感性较高，极易引起中毒。

（1）鹅磺胺类药物中毒的诊断 通过用药情况、临床症状、病理变化等做出诊断。

① 临床症状 中毒鹅表现精神沉郁，羽毛松乱，食欲减退或废绝，渴欲增加。也有些急性中毒的病例表现兴奋、痉挛，共济失调和肌肉颤抖，呼吸加快，在短时间内死亡。鹅只头、面部肿胀，皮肤苍白或呈蓝紫色，可视黏膜出现黄疸，翅下有皮疹，便秘或下

痢，粪便呈酱油状或灰白色稀粪。产蛋母鹅除食欲下降、羽毛松乱、精神较差之外，产蛋量明显减少，且产软壳蛋、薄壳蛋，最后衰竭死亡。

② 病理变化　剖检可见头部皮肤呈青紫色，可视黏膜黄染或苍白。翅下有皮疹。皮下、肌肉（尤以胸肌及腿内侧肌肉）有点状或斑状出血。肝肿大，呈紫红色或黄褐色，有点状出血和灰白色坏死病灶。脾肿大，有灰色结节区。肌胃角质膜下和腺胃、肠管黏膜出血。肾肿大，呈土黄色，有出血斑，输尿管变粗，并充满白色尿酸盐，在肾小管中可见有磺胺药的结晶。心包腔积液，心肌呈刷状出血，有的病例的心肌出现灰白色病灶。血液稀薄，凝血时间延长。骨髓由正常的暗红色变成淡红色或黄色。

(2) 鹅磺胺类药物中毒的防治　平时使用磺胺类药物时，应注意以下几点：使用药物时，计算剂量要准确。饲料加入药物后搅拌要均匀。用药时间不得超过3～5天。用药期间应供应充足的饮水。投药期间，应在日料中补充维生素K_3、维生素B_1，其剂量为正常量的10～20倍。一般常添加0.05%的维生素K_3及适量B族维生素。20天以下或产蛋母鹅应尽量不使用磺胺类药物。如有必要使用磺胺类药物时，其剂量是按每千克体重口服0.05～0.1克或肌内注射0.07克。首次加倍量，每天2次，连用不超过7天，一般为3～5天。在使用磺胺类药物时，应在饮水中添加0.5%小苏打($NaHCO_3$)，以减轻其副作用。

发病鹅群一经诊断，应立即停止用药，给予充足的饮水。同时可添加适量的维生素C和维生素K_3、5%葡萄糖溶液。严重病例可口服维生素C 25～50毫克，或肌内注射50毫克的维生素C注射液。

221. 如何诊断与防治有机磷药物中毒?

有机磷农药如敌敌畏、乐果、对硫磷、敌百虫，是剧毒农药，鹅会因误食了施用过有机磷农药的蔬菜、谷物和牧草，或是这类农药污染的饮用水而发生中毒。

(1) 鹅有机磷农药中毒的诊断 通过用药情况、临床症状、病理变化等做出诊断。

① 临床症状 多为急性中毒。快者几乎不表现明显症状，采食后10分钟左右即突然拍翅、跳跃、抽搐死亡。病程稍长的，表现出精神不安，呼吸困难，不会鸣叫，站立不稳，流泪，瞳孔明显缩小；流涎及稀鼻液，且频频摇头，从口中甩出已食入的饲料；肌肉颤抖，出现下痢等症状，最后抽搐死亡。部分可耐过。

也有慢性中毒的。病鹅拒食，但饮水，匍匐于地，拉水样白色稀粪，倒提则会从嘴里吐出黑水。产蛋鹅则产蛋率下降。病程较长，也有的在1周左右死亡。

② 病理变化 急性死亡鹅，可见肝脏、肾脏肿大，质脆，胃肠道黏膜有出血性炎症、脱落、溃疡等变化，胃肠内容物有大蒜臭味。

慢性死亡鹅，可见肌胃角质膜变黑、似树皮样，十二指肠黏膜充血、出血，肝贫血、表面有白色坏死点，心冠脂肪轻微出血，蛋黄水样，蛋变形。

(2) 鹅有机磷农药中毒的防治 中毒早期，可用手按压食道及食道膨大部，挤压出刚吃进去的饲料，然后静脉注射或肌内注射碘解磷定，成鹅每只0.2～0.5毫升，并使用阿托品，鹅每只1～2毫升，20分钟后注射1毫升，以后每30分钟服用阿托品1片，连服2～3次，并给予足够的饮用水。

雏鹅则根据体重适当减少药量，体重0.5～1千克的小鹅，口服阿托品1片，15分钟后再服1片，每30分钟后服半片，连服1～3次。同时，腹腔注射50%葡萄糖溶液20毫升，肌内注射维生素C 0.2克，一天1次，连续7天。

222. 如何诊断与防治鹅食盐中毒？

鹅对氯化钠的敏感性较高，特别是幼鹅，较高浓度的氯化钠，

如鹅饲料中的食盐添加量超过2%，或者在鹅每千克体重摄入食盐达3.5～4.5克时，即可引起中毒。

(1) 鹅食盐中毒的诊断 可根据临床症状做出初步诊断，对饲料或饮水中食盐含量检测后进行确诊。

病鹅初期表现烦躁不安，盲目冲撞，想饮水，但水到嘴边又避开，食欲减退或废绝，从鼻孔中流出水样鼻液，粪便呈水样，其中有少量白色或绿色块状物。体温41.5～42.0℃，继而精神沉郁，有时突然倒地挣扎，两翅向两侧铺开，并不断拍打，约1分钟后又恢复原状，此时体温可达42.5℃，严重病例运动失调，卧地不起，头左右摇摆，最后死亡。病程为1～3天。

(2) 鹅食盐中毒的防治 一旦发现食盐中毒，立即停食含有盐分的饲料或饮水，并用胶皮球吸水器吸水冲洗鹅的口腔及嗉囊，以冲淡或排出腹中的食盐。先用0.1%的高锰酸钾溶液作为饮水，然后供给清洁饮水，再喂给20%的葡萄糖水或红糖水，以利排便解毒。可喂给适量的鸡蛋清，以保护嗉囊及胃黏膜。让中毒鹅适量饮用鲜牛奶或鲜羊奶，有较好的解毒作用。对中毒严重的鹅，可另喂0.3%～0.5%的醋酸钾溶液，逐只灌服。

223. 如何诊断与防治维生素A缺乏症？

维生素A缺乏的指标是肝脏维生素A的含量，若1克肝仅含有5.9微克以下的胡萝卜素，则显示维生素A缺乏。鹅多因日粮中维生素A不足而导致缺乏症。

(1) 鹅维生素A缺乏症的诊断 可根据临床症状、病变等做出诊断。

① 临床症状 出壳后7～14天雏鹅开始出现症状，精神委顿，食欲不振，生长停滞，羽毛蓬松，衰弱消瘦，呼吸困难，鼻流黏液，运动无力，两脚瘫痪。白种鹅喙部的黄色素变淡。眼结膜发炎，流泪或流出一种牛乳状的渗出物，上下眼睑粘合，眼角膜浑浊。严重病例的眼内积有大块白色的干酪样物质，眼角膜甚至发生

软化或穿孔，从而引起失明。如不及时治疗，死亡率可高达50%以上。6～7周龄鹅群出现症状时，如果饲料不及时调整，可发生大批死亡。

成年鹅缺乏维生素A时，大多数为慢性经过，主要表现呼吸道、消化道黏膜抵抗力降低，易感染细菌和病毒。患鹅精神不振，食欲不佳，体重减轻，羽毛松乱，两脚无力，步态不稳，往往用尾支地。产蛋母鹅缺乏维生素A时，产蛋量显著下降，蛋黄颜色变淡，受精率和孵化率降低。死胚率增加，胚胎发育不良，幼雏体质衰弱。公鹅出现性机能衰退。眼中流出水样的分泌物，上、下眼睑被分泌物黏在一起，严重病例可见眼内蓄积有干酪样物质。眼角膜发生软化和穿孔，最后造成失明。鼻孔流出黏稠鼻液，造成呼吸困难。

② 病理变化　病变主要以消化管黏膜上皮角质化为特征。鼻腔、口腔、咽、食管及食管膨大部黏膜表面有散在的白色小结节。随着病情的进一步发展，结节融合成索状或形成一层灰黄色的假膜，覆盖在黏膜表面。严重时，食管黏膜可形成小溃疡病灶。肾呈灰白色，肿大，肾小管充满白色尿酸盐。眼结膜囊内有干酪样渗出物，眼睑肿胀、突出，眼球萎缩凹陷。

（2）鹅维生素A缺乏症的防治　饲养中应注意合理搭配日粮，补充富含维生素A的饲料，如胡萝卜、青草、南瓜、小虾、黄玉米及鱼粉等；做好饲料的贮存和保管工作，避免饲料发酵、氧化。

一旦发现病鹅，及时用维生素A治疗，按每千克1万国际单位与饲料混饲，连用2～5天。

224. 如何诊断与防治维生素B_1缺乏症？

鹅饲料中维生素B_1不足、被破坏或存在拮抗物，或者慢性胃肠道疾患或肠道寄生虫感染影响维生素B_1的吸收，都会导致鹅维生素B_1缺乏症的发生。

（1）鹅维生素B_1缺乏症的诊断　可根据临床症状和病变等做

出诊断。

① 临床症状　病初表现为食欲下降，精神差，体温降低，生长不良，步态不稳，羽毛松乱失泽等一般症状。有的还有消化不良、腹泻、贫血表现。进一步发展，则表现有以伸肌麻痹为主的多发性神经炎特征症状，腿软无力，倒地，偏头扭颈，抬头望天。

② 病理变化　主要表现为皮肤的广泛性水肿，胃肠壁萎缩，肾上腺肿大，生殖器官（睾丸或卵巢）萎缩等。

(2) 鹅维生素 B_1 缺乏症的防治　应合理搭配日粮，适当提高米糠、糙米、肉粉、酵母等富含维生素 B_1 的饲料。发病后，应立即变更日粮配方，纠正不良的加工及饲喂方式，恢复维生素 B_1 的日供给量（开始几天加倍）。

225. 如何诊断与防治维生素 D 缺乏症?

维生素 D 缺乏症是由于维生素 D 缺乏引起鹅只生长发育迟缓，骨骼柔软、弯曲、变形，运动障碍，产蛋母鹅产出薄壳蛋、软壳蛋为特征的一种营养代谢病。

(1) 鹅维生素 D 缺乏症的诊断　可根据临床症状和病变等做出诊断。

① 临床症状

幼鹅的临床症状：最早出现病例是出壳后一周，倘若此时没有采取有效措施，至一个月前后，幼鹅死亡会更严重。患雏生长发育受阻，羽毛松乱，失去原有光泽，精神不佳。喙和爪变得柔软，长骨易折而不易断，易变弯曲，飞节肿大。脚趾、腿骨、胸骨弯曲、变形。腿软乏力，不愿行动，常蹲伏地面，强行驱赶时，患鹅吃力地移动几步，或借助双翅的搏动移动身体。

母鹅的临床症状：母鹅缺乏维生素 D 一般要经 2～3 个月之后才出现症状，最早可以发现的症状是产薄壳蛋、软壳蛋日渐增多，还出现无壳蛋（只有蛋黄和蛋白流出）。随着产蛋量下降，孵化率也有所降低，有时经一段时间之后稍微有所恢复，如此反复出现。

母鹅的喙、爪变软，龙骨呈S状弯曲。

② 病理变化　雏鹅特征性变化是肋骨与肋软骨接合处的内侧常有球状的结节突起，呈串珠状，称肋骨串珠。肋骨软而易折断。患病严重的成鹅骨骼柔软，肋骨与肋软骨接合处呈结节状突起。各种日龄的患鹅均可见到龙骨呈S状弯曲，多成永久性病变。

(2) 鹅维生素D缺乏症的防治　平时应合理地调配日粮中钙和磷的含量以及比例。在日粮中补充相应含量的维生素D_3，或保证每天一定时间的舍外运动，多晒太阳，可促使鹅体内维生素D的合成。在阴雨季节应特别注意在饲料中补充维生素D，或给予富含维生素D的青绿饲料。

鹅群发病后，首先要分析饲料与每天接受日光浴的情况，判断是缺乏维生素D，还是钙、磷含量不足或比例严重不适，属于钙、磷方面的原因，应立即调整，重新配比并适当补充维生素D即可；属于缺乏维生素D时，应予补充，可添加鱼肝油，10～20毫升/千克饲料，同时还要按说明书要求加入禽用多种维生素添加剂，持续饲喂一段时间，一般为10～30天，至病鹅恢复健康为止。

226. 如何诊断与防治维生素E缺乏症?

鹅维生素E缺乏症是由于维生素E和硒缺乏，使机体的抗氧化机能产生障碍，从而导致骨骼肌、心肌、肝脏、血液、脑、胰腺发生病变，以及生长发育、繁殖等机能障碍的一种综合征，并以脑软化症、渗出性素质和肌营养不良（白肌病）三种症候群为特征的营养代谢病。不同品种和日龄的鹅均可发生，但临床上主要见于1～6周龄的幼鹅。患病鹅发育不良，生长停滞，日龄小的雏鹅发病后常引起死亡。

(1) 鹅维生素E缺乏症的诊断　可根据临床症状、病变等做出诊断。

① 脑软化症

临床症状：最早发现的症状是运动障碍，共济失调，行走蹒跚，不愿走动，躺在地面或站立不平衡，腿快速地收缩与伸展相交替，翅膀和腿出现不完全麻痹。患鹅仍能采食和饮水。头向后仰，呈望星状，或头向下弯曲至接近地面或盲目向前冲。最后因极度衰竭而告终。

病理变化：主要是小脑柔软肿胀，脑回展平，脑膜水肿，表面有点状出血；大脑出现局灶性、黄绿色、不透明的坏死区。由于水分被吸收，而呈现大小不等的凹陷区。

② 渗出性素质

临床症状：在胸、腹部皮下组织有水肿液积聚，这是由于机体同时缺乏维生素 E 和硒，引起毛细血管壁通透性异常而出现皮下组织水肿。因此，在皮肤可见到豆大至拇指大的紫蓝色斑块。两腿向外叉开。皮下渗出不断加剧，整个胸部皮下积满紫蓝色的液体，若皮肤破裂或穿刺、剪开水肿处皮肤，可见有蓝绿色液体流出，污染周围的皮肤或羽毛。这种蓝绿色的水肿液是血红蛋白脱铁后形成的胆绿素。

病理变化：剖检可见广泛性皮下水肿，特别是胸腹部皮下积聚较多的蓝绿色液体。

③ 肌营养不良（白肌病）

临床症状：病鹅精神沉郁，食欲减退，站立无力，生长发育受阻，羽毛松乱，严重病例呈躺卧姿势，最后以衰竭告终。

病理变化：剖检以胸肌、腿肌及心肌的病变为明显。肌纤维束呈灰白色的条纹状、斑点状、块状、鱼肉样或蜡样的变性，并出现坏死区。肌肉这种苍白、贫血的特征称为白肌病。

④ 种鹅缺乏维生素 E，其所产的蛋，孵化率明显下降，并有可能在孵化的前期出现死胚。公鹅较长时间缺乏维生素 E，可引起睾丸退化，并逐渐失去生殖能力。

(2) 鹅维生素 E 缺乏症的防治 在饲料贮存过程中，应充分考虑可能破坏维生素 E 的各种因素，尽量采取措施，加以防止，妥善贮存。饲料解封后，最好在短时间内食完。有条件和有必要时，在饲料中加入抗氧化剂，如乙氧喹等，其用量为饲料总量的0.0125%～0.025%。不使用含有酸败、霉变或正在酸败的脂肪酸的饲料喂鹅。饲料中还应含有足够的硒和含硫氨基酸。

发现病鹅后，应于每千克饲料中加入20国际单位维生素E（或0.5%植物油），连用两周；或每吨饲料添加0.05～0.1克维生素E硒粉。对于病鹅渗出性素质的治疗，除加入维生素E外，还应补充硒制剂，一般用0.1%亚硒酸钠生理盐水肌内注射，每只鹅注射0.05～0.1毫升；或于饲料中添加0.05～0.1毫克/千克硒制剂；也可每千克饲料加入蛋氨酸2～3克。对雏鹅脑软化症的治疗，每只鹅可喂服300国际单位维生素E，或皮下注射0.1毫升维生素E，每日1次，连用1周。在治疗过程中，应尽量多考虑在饲料中添加多种维生素和微生态制剂，以增强患鹅的消化和吸收能力及抗病能力。

227. 如何诊断与防治鹅痛风症?

鹅痛风症也叫尿酸盐沉积症，是由于饲料中蛋白质过多及代谢障碍，在体内产生大量尿酸盐蓄积并沉积在关节囊和内脏表面。引起痛风症一是由于饲料中蛋白质过高，尤其是长期饲喂动物性和植物性蛋白质含量过高的饲料，如鱼粉、肉骨粉、大豆、豌豆等；二是由于饲料中维生素A缺乏；三是因蛋白质饲料缺乏而添加了非蛋白氮（如尿素）替补，由于过量中毒并伴发痛风病变；四是由于肾功能受损，有些药物或疾病损害肾功能，出现尿酸排泄障碍，引起继发痛风；五是缺水、B族维生素缺乏、过于拥挤、潮湿、阴冷以及阳光不足、球虫病、白痢等都可引发痛风。

(1) 鹅痛风症的诊断 可根据临床症状、病变等做出诊断，临床剖检不明显的病例要通过肾脏病理切片，并进行染色镜检来确诊。

① 临床症状 临床经过较缓慢。病初饮水增加，食欲不佳，逐渐消瘦衰弱、贫血，排白色粪便，有时在泄殖腔周围黏结而使其

发炎。将手指插入肛门可触知有尿酸盐；有时可触到肿大的尿管。这为内脏型症状。关节型痛风为主的关节肿大，两腿及翅膀软弱，行动迟缓，跛行，站立困难；病鹅消瘦、贫血、衰弱。

② 剖检变化

内脏型痛风：可见肾肿大或萎缩，色淡或发黄，表面有白色斑点状尿酸盐沉着；当输尿管肿大并充满结晶状尿酸盐时即可确诊。心脏、肝脾、腹膜等内脏表面也可见撒粉状白色或黄色尿酸盐沉积。

关节型痛风：在关节腔内有白色尿酸盐沉积，有的关节面糜烂，有的呈结石样沉积。因此，该病一般根据病理剖检即可做出初步确诊。

（2）鹅痛风症的防治 为预防鹅痛风病，应降低饲料中蛋白质的含量，特别是动物蛋白质的含量；增加多种维生素的含量并供给充足的饮水；避免饲料中钙盐含量过高或钙磷比例失调；要有充足的优质粗纤维饲料或一定量的青绿饲料；避免或减少一切能引起肾功能障碍的因素。

发生本病时，应立即查明原因，调查饲料的配方，减少蛋白质饲料；停止饲喂对肾脏有损害的药物；适量增加多维素用量，尤其是维生素 A、维生素 D，保证鹅群饮水和增加青料，可达到减少死亡和发病。

228. 如何诊断与防治鹅啄食癖?

鹅啄食癖是啄肛、啄羽、啄趾、啄蛋甚至啄皮肉等恶癖的统称，是大群养殖时很容易发生的一种现象。

（1）鹅啄食癖的诊断 通过观察鹅的啄食行为可诊断该病。鹅往往出现相互啄食，造成创伤，甚至死亡。其中啄肛危害最大，常将肛门周围及泄殖腔啄得血肉模糊，甚至将后半段肠管啄出吞食；啄羽严重时啄掉大量羽毛，特别是尾羽被啄光，露出皮肤，进一步引起啄皮肉和啄肛，同时吞食羽毛也会造成鹅食道膨大部阻塞；啄趾一般多见于幼鹅，也会造成脚趾出血、跛行等现象。

（2）鹅啄食癖的防治 着重在防，产蛋处要比较僻静，光线要暗。饲养密度要比较宽松，人工照明的亮度不要太强，并注意鹅舍的卫生及通风条件。饲料的营养成分要全面、充足，不能单一饲喂某种饲料，特别是一些重要的氨基酸、微量元素和维生素更应保证需要。鹅群患有体表寄生虫时，应立即采取有效措施进行治疗。

当鹅群发生啄食癖时，应注意隔离或分小群饲养，饲料中添加制止啄食癖的药物或营养元素，如在饲料中加入2%～3%的生石膏粉，饲喂半个月左右。制止啄肛癖，可将饲料中的含盐量提高到2%，喂2～4天，并保证饮水充足，但不可将食盐加在饮水中。啄肛癖较严重时，也可将鹅群暂时关在鹅舍内，换上红灯泡，窗上糊上红纸，使舍内一切东西均呈红色，肛门的红色也就不显眼了，过几天啄食癖平息后，再恢复正常饲养。

229. 如何诊断与防治雏鹅软脚病?

雏鹅软脚病是雏鹅由于鹅饲料中缺乏钙、磷及维生素D而引起的常见病。

（1）雏鹅软脚病的诊断 该病主要症状是病鹅脚软无力，支撑不住身体，常伏卧地上，长骨骨端常增大，特别是跗关节骨质疏松，生长缓慢。

（2）雏鹅软脚病的防治 为预防该病，平时鹅饲料钙、磷的含量要丰富，且配比合理；饲料中必须含有足够的维生素D，因为维生素D有利于鹅对钙、磷的吸收；让鹅多晒太阳，促进鹅体内合成维生素D。

发病时应每天给病鹅滴服2次鱼肝油，每只每次服2～4滴。也可给每只病鹅每天内服1500国际单位维生素D_3。

230. 禁止使用的兽药有哪些?

2016版国家明令禁止使用的兽药清单：

(1) 禁用于所有食品动物的兽药（11类）

①兴奋剂类：克仑特罗、沙丁胺醇、西马特罗及其盐、酯及制剂；②性激素类：己烯雌酚及其盐、酯及制剂；③具有雌激素样作用的物质：玉米赤霉醇、去甲雄三烯醇酮、醋酸甲孕酮及制剂；④氯霉素及其盐、酯（包括：琥珀氯霉素）及制剂；⑤氨苯砜及制剂；⑥硝基呋喃类：呋喃西林和呋喃妥因及其盐、酯及制剂；呋喃唑酮、呋喃它酮、呋喃苯烯酸钠及制剂；⑦硝基化合物：硝基酚钠、硝呋烯腙及制剂；⑧催眠、镇静类：安眠酮及制剂；⑨硝基咪唑类：替硝唑及其盐、酯及制剂；⑩喹噁啉类：卡巴氧及其盐、酯及制剂；⑪抗生素类：万古霉素及其盐、酯及制剂。

(2) 禁用于所有食品动物，用作杀虫剂、清塘剂、抗菌或杀螺剂的兽药（9类）

林丹（丙体六六六）；毒杀芬（氯化烯）；呋喃丹（克百威）；杀虫脒（克死螨）；酒石酸锑钾；锥虫胂胺；孔雀石绿；五氯酚酸钠；各种汞制剂包括：氯化亚汞（甘汞）、硝酸亚汞、醋酸汞、吡啶基醋酸汞。

(3) 禁用于所有食品动物用作促生长的兽药（3类）

性激素类：甲基睾丸酮、丙酸睾酮、苯丙酸诺龙、苯甲酸雌二醇及其盐、酯及制剂；催眠、镇静类：氯丙嗪、地西泮（安定）及其盐、酯及其制剂；硝基咪唑类：甲硝唑、地美硝唑及其盐、酯及制剂。

(4) 禁止在饲料和动物饮用水中使用的药物品种（5类40种）

肾上腺素受体激动剂：盐酸克仑特罗、沙丁胺醇、硫酸沙丁胺醇、莱克多巴胺、盐酸多巴胺、西巴特罗、硫酸特布他林；性激素：己烯雌酚、雌二醇、戊酸雌二醇、苯甲酸雌二醇、氯烯雌醚、炔诺醇、炔诺醚、醋酸氯地孕酮、左炔诺孕酮、炔诺酮、绒毛膜促性腺激素（绒促性素）、促卵泡生长激素（尿促性素主要含卵泡刺激 FSHT 和黄体生成素 LH）；蛋白同化激素：碘化酪蛋白、苯丙酸诺龙及苯丙酸诺龙注射液；精神药品：（盐酸）氯丙嗪、盐酸异丙嗪、安定（地西泮）、苯巴比妥、苯巴比妥钠、巴比妥、异戊巴比妥、异戊巴比妥钠、利血平、艾司唑仑、甲丙氨酯、咪达唑仑、硝西泮、奥沙西泮、匹莫林、三唑仑、唑吡旦、其他国家管制的精神药品；各种抗生素滤渣：该类物质是抗生素类产品生产过程中产生的工业三废，因含有微量抗生素成分，在饲料和饲养过程中使用后对动物有一定的促生长作用。但对养殖业的危害很大，一是容易引起耐药性，二是由于未做安全性试验，存在各种安全隐患。最新添加：禁止在食品动物中使用洛美沙星、培氟沙星、氧氟沙星、诺氟沙星等 4 种原料药的各种盐、酯及其各种制剂。

231. 国内外允许使用的兽药有哪些?

（1）《美酮饲料纲要》中明确规定了在家禽饲料允许添加的药物共 32 种，具体如下：氨丙啉、阿砷尼里克酸、亚甲基二水杨酸杆菌肽、杆菌肽锌、班伯霉素、氯四环素、氯甲羟吡啶、杀落抹净、乙羟喹啉、红霉素、氢溴常山酮、潮霉素-B、拉沙里霉素、林肯霉素、马杜霉素铵盐、莫能霉素、那宁素、那宁素/尼卡巴嗪、尼卡巴嗪、硝苯胂酸、新生霉素、制霉菌素、氧四环素、青霉素、双氯苄氨胍盐酸盐、洛克沙生、盐霉素、森杜拉霉素、磺胺间二甲氧嘧啶和二甲氧甲基苄胺嘧啶、泰乐霉素、弗吉尼亚霉素、球痢灵。美国没有批准任何沙星类药物用于家畜和鱼类，仅批准恩诺沙星和沙拉沙星用于家禽，批准恩诺沙星、二氟沙星和马波沙星以及奥比沙星用于伴侣动物。

（2）中国香港《公众卫生（动物及禽鸟）（化学物残余）规例》

允许使用但规定最高残留限量的37种药物是：羟氨苄青霉素、氨苄青霉素、杆菌肽、苄青霉素、卡巴氧、头孢噻林、金霉素、邻氯青霉素、多黏菌素、丹奴氟沙星、双氯青霉素、二氢链霉素、二甲硝咪唑、强力霉素、恩诺沙星、红霉素、氟甲喹、呋喃他酮、呋喃唑酮、庆大霉素、伊维菌素、交沙霉素、柱晶白霉素、林可霉素、甲硝基羟乙唑、新霉素、恶喹酸、土霉素、沙拉氟沙星、大观霉素、链霉素、硫酰胺、四环素、硫黏菌素、甲氧苄氨嘧啶、泰乐菌素、维及霉素。

(3) 欧盟允许使用的饲料及抗生素为：莫能霉素、盐霉素、黄霉素（巴波霉素）、卑霉素。另外，欧盟只批准恩诺沙星、氟甲喹、马波沙星和达氟沙星用于家畜，恩诺沙星、二氟沙星、氟甲喹和恶喹酸用于家禽，批准恩诺沙星、二氟沙星和马波沙星用于伴侣动物，批准沙拉沙星和恶喹酸用于鱼。

(4) 日本仅批准恩诺沙星、达氟沙星、奥比沙星、二氟沙星和恶喹酸用于家畜，批准用于家禽的有恩诺沙星、达氟沙星、氧氟沙星、马波沙星和恶喹酸，批准用于伴侣动物的有恩诺沙星和奥比沙星，批准用于鱼的有恶喹酸。

(5) 澳大利亚没有批准任何沙星类药物用于家畜、家禽和鱼类，只批准恩诺沙星用于伴侣动物。

(6) 加拿大仅批准恩诺沙星用于家禽和伴侣动物，但是禽用恩诺沙星在1998年的市场上见不到。

232. 鹅健康养殖如何准备用药记录?

(1) 疫苗使用（免疫）记录 记录内容包括：栋号、品种、疫苗种类、名称、类型、计划接种日期、接种日期、日龄、禽群数量、接种方法、接种剂量、领用数量、接种人、生产单位、批号、有效期、接种效果等信息。见表6-1。

表 6-1 疫苗使用（免疫）记录表

栋号：　　　　品种：　　　　饲养员：

种类	名称	类型	计划接种日期	实际接种日期	日龄	接种方法	免疫剂量	领用总量	载体用量	接种人	疫苗制造商及批号	有效期	接种效果	备注

(2) 药品使用记录　记录内容包括：栋号、品种、药物名称、日龄、防治目的、开始日期、停药日期、用药剂量、领用数量、使用方法、休药期、治疗反应、使用人、生产单位、批号、有效期等信息。见表 6-2。

表 6-2 药品使用记录表

栋号：　　　　品种：　　　　饲养员：

药物名称	日龄	禽群数量	包装规格	疾病诊断	开始日期	停止日期	用药剂量	领用数量	使用方法	休药期	治疗反应	使用人	生产单位	批号	有效期	备注

(3) 过期疫苗、药品、疫苗包装瓶等无害化处理记录　记录内容包括：无害化处理的日期、种类、品种、规格、批号、数量、处理原因、处理方法、处理人等。见表 6-3。

表 6-3　过期疫苗、药品、活疫苗包装瓶等无害化处理记录表

日期	种类	品种	规格	批号	数量	处理原因	处理方法	处理人签字	备注

七、鹅场的经营与管理

233. 如何进行投资养鹅前的市场调查分析?

(1) 市场需求 及时了解市场需求状况是搞好商品生产的前提条件，通过对国内和国际、省内和省外、本地和外地市场上鹅及其加工产品的需求情况进行充分地调查，了解影响需求变化的因素，如人口变化、生活水平的提高、消费习惯的改变以及社会生产和消费的投向变化等。调查时，不仅要注意有支付能力的需求，还需要调查潜在的市场需求。

(2) 生产情况 生产情况调查主要是对鹅生产现状的摸底调查，重点调查本地及邻近地区鹅品种的种源情况、生产规模、饲养管理水平、商品鹅的供应能力及其变化趋势等。

(3) 市场行情 市场行情调查就是要深入实地调查鹅及其加工产品在市场上的供求情况、库存情况、市场竞争和价格情况等。

234. 养鹅企业的经营方式与决策是什么?

所谓养鹅场的经营方式与决策，就是对养鹅场的建场方针、奋斗目标以及为实现这一目标所作出的重要选择与决定，决策包括经营方向、生产规模、饲养方式、鹅场建设等方面。

(1) 确定经营方向 经营方向包括：是专业化饲养还是综合性饲养。专业化饲养是指饲养某一鹅种的一个类型，如饲养肉用仔鹅或种鹅；综合性饲养是指饲养某一鹅种的几个类型，如种鹅场兼养肉用仔鹅，或养肉用仔鹅与养鱼相结合等。

（2）确定生产规模 生产规模取决于投资能力、饲养条件、技术力量、鹅苗来源和产品销售等方面的条件。但从经济效益来说，养鹅属薄利多销行业，所以在养鹅生产上规模效益较为明显，只有形成批量生产才能有较大的饲养效益。

（3）决定饲养方式 饲养方式也必须按人力、物力和自然条件来决定。一个养鹅场是否采用机械化和机械化程度如何，应取决于资金和劳动者的素质以及工人工资的高低。一般来说，在较发达的地区借用资金比雇用工人更为有利，因而宜多采用机械化设备；但在一些相对落后地区，采用机械化较不容易实现，所以劳动力更为主要，且劳动力在闲置时也可转行。

（4）建设正规鹅场 在目前多以平养方式养鹅的情况下，养鹅场主要有全舍饲和半舍饲两种。半舍饲一般多设置水、陆运动场。全舍饲必须提供给鹅适宜、稳定的环境，因而鹅的生产水平较高，但基建投资大；而半舍饲虽受外界环境影响较大，但基建投资较小、收效快。

235. 养鹅企业如何进行组织管理？

（1）“监督”式管理 “监督”式管理就是通过现场指导，督促完成生产工作的一种管理模式。“监督者”集生产、技术于一身，寸步不离生产现场，进行现场管理，随时指导、督促工作的进行。这种管理模式一般用于小型养鹅场和专业户。

（2）专业化管理 这种管理模式主要适用于中等以上规模的鹅场，管理机构设置比较多，需要各部门间建立协同关系。这种管理横向到边，纵向到底，事事有人抓，事事有考核。一般对工作弹性较大的岗位，可以采用岗位责任制、目标管理制等形式，确定工作范围及职责、考核奖励及办法；对工作比较具体的各生产班组，可以采用目标管理、计量工资、承包等形式，通过定产量、定投入，进行考核评定、奖罚。

（3）系统管理 系统管理适用于集良种繁育、饲料生产、鹅的饲养以及产品深加工于一体的多功能综合性养鹅企业。企业对下属分公司、分场的管理，主要是制订生产技术指标，定期培训技术人员和饲养人员，把握好经营方针、生产计划，但不参与下属场的具体管理事务，实行层层负责制。

236. 养鹅企业如何进行计划管理?

鹅安全生产，企业需制订年度生产计划，所谓年度生产计划是养鹅场根据自己的经营方向、生产规模、本年度的具体生产目标，结合场内实际情况，拟订鹅场全年的各项生产计划与措施。

(1) 总产计划与单产计划 总产计划是养鹅场年度争取实现的商品总量，如一年养多少批肉鹅及全年饲养的肉鹅总数；单产计划是养鹅的“单位”产量，如每批商品肉鹅多少天出售、出售时每只鹅的平均体重应达指标。

(2) 利润计划 养鹅场的利润计划，受饲养规模、生产经营水平、饲料、鹅苗等各种费用开支因素的制约。各鹅场（养殖户）应根据自己的实际情况予以制订，以确保利润的实现。

(3) 鹅群周转计划 为了使养鹅生产能有条不紊地进行，充分发挥现有鹅舍、设备、人力的作用，达到全年均衡生产，实现高产稳产的目的，就必须制订好全年的鹅群周转计划，并通过对内、对外签订合同的形式来保证其实现。

(4) 饲料计划 饲料是发展养鹅生产的物质基础，必须根据养鹅场的经营规模及日常用量妥善安排，在确保全年饲料的同时，对来源做到心中有数。

(5) 产品销售计划 养鹅场销售计划，一般包括种蛋、雏鹅、淘汰鹅等。为保证各类产品的畅销，需要做好市场的调查工作，要了解消费者的消费心理和消费习惯，掌握市场行情变化的规律（如夏天消费者对肉食产品的需求量减少），结合本场生产能力，制订月、季、年度的销售计划。

(6) 其他开支计划 在养鹅生产中还有一些费用开支也应列入

计划，如防疫、医药、房舍与设备维修、水电费、零星购物费等，应认真审查，严格控制。

237. 养鹅企业的生产管理包括哪些方面?

鹅安全生产企业在从事鹅养殖过程中，必须强化生产管理，为了达到工作预期效果，保证生产计划的实现，鹅养殖企业（养殖户）一般要采取如下一些重要措施。

(1) 技术措施

① 所养鹅种必须良种化。

② 养鹅所用饲料必须全价化、平衡化。

③ 饲用设备必须符合各种鹅的生物学特性。

④ 鹅场管理必须科学化。

⑤ 鹅病的防疫必须程序化、科学化。

⑥ 鹅场经营必须专业化、配套化。

(2) 生产措施

① 提高鹅群的成活率　一般情况下，主要通过两种途径来提高鹅群的成活率。一是鹅本身品质的保证，要求购进免疫后的健康鹅；二是加强饲养管理，做到鹅场防疫、免疫的常态化，鹅舍整洁无鼠、畜危害，饲料无霉变或营养失衡等。

② 适时更新或出售鹅群　鹅群更新应根据市场行情和投资费用来确定。如饲料费用高，肉用仔鹅就应在生长达到最高峰时出售；如高价购进鹅苗，那么较晚出售为好，因能使购苗费用分摊给更高重量的肉用仔鹅；当饲料价格较低或肉用仔鹅价格较高时，应将鹅群养到较大体重时出售。如在强制换羽前将低产或弱质的种鹅淘汰，可相对增加收益。

③ 从全年均衡地为市场提供产品中获得利益　选择温暖的季节育雏，可使雏鹅体质健壮，成活率高，且育成后的鹅高产、稳产。一般最佳育雏季节为春季，秋季次之。但规模鹅场应打破季节性生产的规律，采用反季节繁殖技术，实现全年均衡生产，获得更

高效益。

④ 降低饲料费用　在养鹅生产成本中，饲料的费用最大。因此，降低饲料费用对于实现养鹅生产的低成本、高效益非常重要。主要是从提高饲料报酬，减少浪费等方面着手。如减少饲喂过程中的浪费，优化饲料配方，提高饲料消化率，加强饲料保管，对于降低饲料费用十分必要。

⑤ 降低鹅蛋的破损率　可通过合理饲喂日粮，加强管理措施来达到。

⑥ 搞好生产统计　养鹅场的生产统计，是了解生产、指导生产的重要资料，也是进行经济核算以及评价职工劳动效率，实行奖罚的重要依据，应该认真做好。

238. 养鹅企业的财务管理包括哪些方面?

(1) 对外订立各种经济合同　养鹅场在完成生产和销售任务中，不可避免地要与各有关单位发生经济往来，如购买饲料、销售产品等。为确保各方的经济利益，应与这些单位签订供销合同，使双方自负相应的经济责任。

(2) 生产中的经济核算　养鹅场经过一定阶段（月、季、年）生产后，应及时进行经济核算来检查生产计划和利润计划的执行情况。在此基础上，进行经济分析，从中找出规律，改进生产，提高经济效益。

239. 鹅健康养殖的生产成本构成有哪些?

(1) 固定成本　养鹅场必须有固定资产，如鹅舍、饲养设备、运输工具及生活设施等。

(2) 可变成本　也称为流动资金，是指生产单位在生产和流通过程中使用的资金，其特性是参加一次生产过程就被消耗掉，例如饲料、燃料、垫料、雏鹅、兽药等成本。

(3) 常见的成本项目

① 工资　指直接从事养鹅生产人员的工资、奖金及福利等

费用。

② 饲料费　指饲养过程中耗用的饲料费用，运杂费也列入饲料费中。

③ 兽药费　用于鹅病防治的疫苗、药品及化验等费用。

④ 燃料及动力费　用于养鹅生产的燃料费、动力费，也包括了水电费和水资源费。

⑤ 折旧费　指鹅舍等固定资产基本折旧费。建筑物使用年限较长，15～20 年折清；专用机械设备使用年限较短，7～10 年折清。

⑥ 雏鹅购买费或种鹅摊销费　雏鹅购买费很好计算，而种鹅摊销费指生产每千克蛋或每千克活重需摊销的种鹅费用，其计算公式如下：

$$种鹅摊销费(元/千克蛋)=\frac{种鹅原值-残值}{每只鹅产蛋重量}$$

或

$$种鹅摊销费(元/千克体重)=\frac{种鹅原值-残值}{每只种鹅后代总出售重量}$$

⑦ 低值易耗品费　指价值低的工具、器材、劳保用品、垫料等易耗品的费用。

⑧ 共同生产费　也称其他直接费用，指除以上七项以外而能直接判明成本对象的各项费用，如固定资产维修费、土地租金等。

⑨ 企业管理费　指场一级所消耗的一切间接生产费用，销售部属场部机构，所以也把销售费用列入企业管理费。

⑩ 利息　指以贷款建场每年应交纳的利息。

240. 鹅健康养殖的经济利润如何核算?

鹅场的利润要素构成按其生产性质的不同也有所差异，一般分为商品鹅场和种鹅场两类。

(1) 商品鹅场利润的构成要素　商品鹅场利润的构成要素主要包括：雏鹅的价格、饲料的价格和消耗量、人员的工资、上市鹅的价格以及水、电、兽药等费用和设施与设备的折旧、其他管理费用等。

(2) 种鹅场利润的构成要素 种鹅场利润的构成要素主要有：种蛋（苗）的价格、饲料的价格和消耗量、人员的工资、淘汰鹅的价格以及水、电、兽药等费用和设施与设备的折旧、其他管理费用等。

(3) 商品鹅场利润估算 以饲养1000只商品鹅为例。

① 支出 雏鹅费：每只雏鹅平均售价6元，1000只鹅雏6000元；育雏饲料费：以4周时间计算，每只育雏鹅每天需要饲喂0.1千克饲料，2元1千克计算，饲料费为5600元；育肥期饲料费：以95%成活率计，时间为6周，平均每天每只饲喂饲料0.25千克，则饲料费为19950元；防疫、消毒和防病药物费：每只鹅0.5元，计500元；水电、折旧费：每只鹅为0.5元，为500元；人员工资费：3000元；管理费：500元。以上合计：共需支出36050元。

② 收益 以市场上肉鹅（活鹅）平均价计为12元/千克，平均每只3.5千克计算，则95%的成活率，售出收入为39900元。

③ 利润 将商品鹅场收益减去支出即为利润，故饲养1000只商品鹅，可产生利润3850元。

(4) 种鹅场利润估算 以饲养1000只种母鹅（另配套150只公鹅）1年为例。

① 支出 雏鹅费：每只雏母鹅售价20元，1000只计为20000元；育雏饲料费：计算方法同商品鹅，其饲料费为6440元；育成期饲料费：以95%育成率，时间为5个月，平均每天每只饲喂饲料0.25千克，则饲料费为81937.5元；产蛋期饲料费：时间为6个月，平均每天每只饲喂饲料0.3千克，则饲料费为117990元；防疫、消毒和防病药物费：每只鹅1元，计1150元；水电、折旧费：每只鹅为4元，为4600元；人员工资费：20000元；管理费：1000元。以上合计：共需支出253117.5元。

② 收益 以市场上受精种蛋出售的平均价计为4.8元/个，平

均每只母鹅产受精蛋50个计算，按95%的成活率计，种蛋收益为228000元；淘汰鹅按肉鹅计，平均价计为20元/千克，平均每只4.5千克计算，则95%的成活率，售出收入为98325元。以上合计：共收益326325元。

③ 利润　将种鹅场收益减去支出即为利润，故饲养1000只种鹅，可产生利润73207.5元。

参 考 文 献

[1] 李帮文，张帆，廉爱玲主编. 肉鹅生产技术问答. 北京：中国农业出版社，2003.

[2] 沈军达主编. 种草养鹅与鹅肥肝生产. 北京：金盾出版社，2004.

[3] 王志跃主编. 养鹅生产大全. 南京：江苏科学技术出版社，2005.

[4] 尹兆正主编. 养鹅手册. 北京：中国农业大学出版社，2005.

[5] 王勇，戴国俊主编. 无公害鹅标准化生产. 北京：中国农业出版社，2006.

[6] 陈溥言主编. 兽医传染病学. 北京：中国农业出版社，2006.

[7] 张宏伟，杨廷桂主编. 动物寄生虫病. 北京：中国农业出版社，2006.

[8] 王述柏主编. 无公害鹅安全生产手册. 北京：中国农业出版社，2008.

[9] 周新民，戴亚斌主编. 常见鹅病防治300问. 北京：中国农业出版社，2008.

[10] 张春杰主编. 家禽疫病防控. 北京：中国农业出版社，2009.

[11] 王继文主编. 怎样提高养鹅效益. 北京：金盾出版社，2009.

[12] 邢军主编. 怎样办好家庭养鹅场. 北京：科学技术文献出版社，2009.

[13] 黄炎坤主编. 青粗饲料养鹅配套技术问答. 北京：金盾出版社，2010.

[14] 李慧芳，邹剑敏主编. 鹅高效益生产综合配套新技术. 北京：中国农业出版社，2010.

[15] 孙凯，王生雨主编. 鹅健康养殖百问百答. 北京：中国农业出版社，2012.

[16] 段修军主编. 鹅安全生产技术指南. 北京：中国农业出版社，2012.

[17] 马明星，郭秀清主编. 鹅健康养殖技术. 北京：中国农业大学出版社，2013.

[18] 陈国宏主编. 中国养鹅学. 北京：中国农业出版社，2013.

[19] 牛淑玲主编. 高效养鹅及鹅病防治. 北京：金盾出版社，2013.

[20] 段修军主编. 养鹅日程管理及应急技巧. 北京：中国农业出版社，2014.

[21] 夏风竹，陈俊峰主编. 高效养鹅技术. 石家庄：河北科学技术出版社，2014.

[22] 马明星主编. 鹅健康养殖技术. 北京：中国农业大学出版社，2013.

[23] 中国新农网畜牧养殖技术. http://www.xinnong.com.

[24] 中国牧草网. http://www.mucao.cn.

[25] 董永军主编. 鹅场卫生、消毒和防疫手册. 北京：化学工业出版社，2015.

[26] 乔海云主编. 生态高效养鹅实用技术. 北京：化学工业出版社，2014.

[27] 魏刚才主编. 鹅安全高效生产技术. 北京：化学工业出版社，2012.